U0211358

云 课 版

SolidWorks 2022

中文版 机械设计

从入门到精通

赵罘 杨晓晋 赵楠　编著

人民邮电出版社

北　京

图书在版编目（CIP）数据

SolidWorks 2022中文版机械设计从入门到精通 / 赵
罘，杨晓晋，赵楠编著. -- 北京：人民邮电出版社，
2022.7（2022.10重印）
ISBN 978-7-115-57577-7

Ⅰ. ①S… Ⅱ. ①赵… ②杨… ③赵… Ⅲ. ①机械设
计－计算机辅助设计－应用软件－教材 Ⅳ. ①TH122

中国版本图书馆CIP数据核字(2021)第202736号

内 容 提 要

SolidWorks 是一套专门基于 Windows 操作系统开发的三维 CAD 软件，该软件以参数化特征造型为基础，具有功能强大、易学易用等特点。

本书系统地介绍了 SolidWorks 2022 中文版软件在草图绘制、三维建模、装配体设计、工程图设计和仿真分析等方面的功能。本书每章的前半部分介绍软件的基础知识，后半部分利用一个较全面的范例介绍具体的操作步骤，引领读者一步步完成模型的创建，使读者能够快速而深入地理解 SolidWorks 软件中一些抽象的概念和功能。

本书可作为广大工程技术人员的 SolidWorks 自学教材和参考书，也可作为各类院校计算机辅助设计相关课程的辅导书。本书配套数字资源包含书中的实例模型文件、范例操作讲解视频文件和每章的PPT 文件。

◆ 编　　著　赵　罘　杨晓晋　赵　楠
　　责任编辑　颜景燕
　　责任印制　王　郁　胡　南
◆ 人民邮电出版社出版发行　　北京市丰台区成寿寺路 11 号
　　邮编　100164　电子邮件　315@ptpress.com.cn
　　网址　https://www.ptpress.com.cn
　　固安县铭成印刷有限公司印刷
◆ 开本：787×1092　1/16
　　印张：18.25　　　　　　2022 年 7 月第 1 版
　　字数：488 千字　　　　 2022 年 10 月河北第 3 次印刷

定价：79.90 元
读者服务热线：(010)81055410　印装质量热线：(010)81055316
反盗版热线：(010)81055315
广告经营许可证：京东市监广登字 20170147 号

前 言
PREFACE

SolidWorks 公司是一家专业从事三维机械设计、工程分析、产品数据管理软件研发和销售的公司。其产品 SolidWorks 是一套基于 Windows 操作系统开发的三维 CAD 软件，它有一套完整的 3D MCAD 产品设计解决方案，即在一个软件包中为产品设计团队提供所有必要的机械设计、验证、运动模拟、数据管理和交流工具。该软件以参数化特征造型为基础，具有功能强大、易学易用等特点，是当前流行的三维 CAD 软件。

本书重点介绍了 SolidWorks 2022 的基本功能和操作方法。每章的前半部分为软件功能知识点的介绍，最后以一个综合性应用范例对本章的知识点进行概括，进而帮助读者提高实际操作能力，并巩固所学知识。本书的语言通俗易懂，内容由浅入深，各章节既相对独立又前后关联。本书内容翔实，图文并茂，建议读者结合软件，从头到尾循序渐进地学习。本书主要内容如下。

（1）认识 SolidWorks：包括基本功能、操作方法和常用模块的功用。

（2）草图绘制：讲解草图的绘制和修改方法。

（3）实体建模：讲解基于草图的三维特征建模命令。

（4）实体特征编辑：讲解基于实体的三维特征建模命令。

（5）曲线与曲面设计：讲解曲线和曲面的创建过程。

（6）钣金设计：讲解钣金的建模设计步骤。

（7）焊件设计：讲解焊件的建模设计步骤。

（8）装配体设计：讲解装配体的具体设计方法和步骤。

（9）动画设计：讲解动画制作的基本方法。

（10）工程图设计：讲解装配图和零件图的设计。

（11）标准零件库：讲解标准零件库的使用。

（12）线路设计：讲解管路和线路设计的基本方法。

（13）配置和设计表的相关操作：讲解生成配置的基本方法。

（14）渲染输出：讲解图片渲染的基本方法。

（15）仿真分析：讲解有限元分析、流体分析、公差分析、数控加工分析和运动分析。

本书随书配送数字资源，资源包含全书各个章节所用范例的模型文件，每个范例操作过程的视频讲解文件，每章知识要点的 PPT 文件。

另外，为了方便读者学习，本书以二维码的形式提供了全书范例的视频教程。扫描"云课"二维码，即可播放全书视频。点击"参与课程"后，就可以将该课程收藏到"我的课程"中，便于随时观看、复盘。

云课

读者可关注"职场研究社"公众号,回复"57577"获取所有配套资源的下载链接;登录"异步社区"官网(www.epubit.com),搜索关键词"57577",也可以下载配套资源。

此外,还可以加入福利 QQ 群【1015838604】,额外获取九大学习资源库。

本书适合 SolidWorks 的初、中级用户使用,既可以作为各类院校相关专业的学生用书和计算机辅助设计等相关课程的实训教材、技术培训教材,也可作为工业企业相关技术部门人员的自学用书。

本书在编写过程中得到了国内 SolidWorks 代理商的技术支持,而且 DS SOLIDWORKS 公司亚太区技术总监胡其登先生对本书提出了许多建设性的意见,并提供了技术资料,在此对他们的帮助表示衷心感谢。另外,感谢陶春生、龚堰珏、张艳婷、刘玢、刘良宝、张娜、刘玲玲、李梓猇对编写工作的协助,还有人民邮电出版社的编辑对本书的出版也给予了积极的支持,并付出了辛勤的劳动,在此一并向其致谢。

作者尽可能地向读者展现 SolidWorks 的强大功能,希望本书对读者掌握 SolidWorks 软件有所帮助。但由于作者水平所限,疏漏之处在所难免,欢迎广大读者批评指正,来信请发往 liyongtao@ptpress.com.cn。

作者
2022 年 3 月 1 日

目 录

CONTENTS

第6章 钣金设计 ·· 97

第1章
认识 SolidWorks

本章主要介绍 SolidWorks 2022 中文版的基础知识，包括软件的背景、特点、常用的名词解释、文件的基本操作、常用的工具栏、操作环境的设置，以及参考几何体的使用。对 SolidWorks 基本操作命令的使用直接关系到使用软件的效率，也是以后学习的基础。

重点与难点

- SolidWorks 的文件操作
- 常用工具命令
- 操作环境设置
- 参考几何体的使用方法

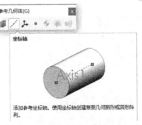

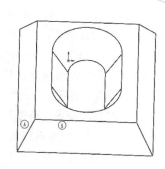

1.1 SolidWorks 概述

本章首先对 SolidWorks 的背景及其主要设计特点进行简单的介绍，让读者对该软件有个大致的认识。

1.1.1 软件背景

20 世纪 90 年代初，国际微型计算机（简称微机）市场发生了根本性的变化，微机性能大幅提高，而价格一路下滑，其卓越的性能足以运行三维 CAD 软件。为了开发世界空白的基于微机平台的三维 CAD 软件，1993 年，PTC 公司的技术副总裁与 CV 公司的副总裁成立 SolidWorks 公司，并于 1995 年成功推出了 SolidWorks 软件。在 SolidWorks 软件的促动下，1998 年开始，国内外也陆续推出了相关软件；原来运行在 UNIX 操作系统的工作站 CAD 软件也从 1999 年开始，将其程序移植到了 Windows 操作系统中。

SolidWorks 采用的是智能化的参变量式设计理念及 Microsoft Windows 图形化用户界面，具有卓越的几何造型和分析功能，其操作灵活，运行速度快，设计过程简单、便捷，被业界称为"三维机械设计方案的领先者"，受到了广大用户的青睐，在机械制图和结构设计领域也已经成为三维 CAD 设计的主流软件。利用 SolidWorks，设计师和工程师们可以更有效地为产品建模并模拟整个工程系统，加速产品的设计和生产周期，从而制造更加富有创意的产品。

1.1.2 软件主要特点

SolidWorks 是一款参变量式 CAD 设计软件。所谓参变量式设计，就是将零件尺寸的设计用参数描述，并在设计修改的过程中通过修改参数的数值改变零件的外形。

SolidWorks 在 3D 设计中的特点有以下几方面。

- SolidWorks 提供了一整套完整的动态界面和可用鼠标拖曳控制的设置。
- 用 SolidWorks 资源管理器可以方便地管理 CAD 文件。
- 配置管理是 SolidWorks 软件体系结构中非常独特的一部分，它涉及零件设计、装配设计和工程图。
- 通过 eDrawings 可以方便地共享 CAD 文件。
- 从三维模型中自动产生工程图，包括视图、尺寸和标注。
- 钣金设计工具：可以使用折叠、折弯、法兰、切口、标签、斜接、放样的折弯、绘制的折弯、褶边等工具创建钣金零件。
- 焊件设计：绘制框架的布局草图，并选择焊件轮廓，SolidWorks 将自动生成 3D 焊件设计。
- 装配体建模：当创建装配体时，可以通过选取各个曲面、边线、曲线和顶点来配合零部件；创建零部件间的机械关系；进行干涉、碰撞和孔对齐检查。
- 仿真装配体运动：只需单击和拖曳零部件，即可检查装配体的运动情况是否正常，以及是否存在碰撞。
- 材料明细表：可以基于设计自动生成完整的材料明细表（BOM），从而节约大量的时间。
- 零件验证：SolidWorks Simulation 工具能帮助新用户和专家进行零件验证，确保其设计具有耐用性、安全性和可制造性。
- 标准零件库：通过 SolidWorks Toolbox、SolidWorks Design ClipArt 和 3D ContentCentral 可

以即时访问标准零件库。

● 照片级渲染：通过 PhotoView 360 来利用 SolidWorks 3D 模型进行演示或虚拟化及材质研究。

● 步路系统：可使用 SolidWorks Routing 自动处理和加速管筒、管道、电力电缆、缆束和电力导管的设计过程。

1.1.3 启动 SolidWorks

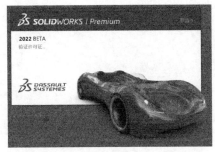

启动 SolidWorks 2022 有如下两种方式。

（1）双击桌面的快捷方式图标 。

（2）执行【开始】|【所有程序】|【SolidWorks 2022】命令。

启动后的 SolidWorks 2022 界面如图 1-1 所示。

图 1-1 SolidWorks 2022 启动界面

1.1.4 界面功能介绍

SolidWorks 2022 用户界面包括菜单栏、工具栏、状态栏、管理区域、图形区域、任务窗格、版本提示等。菜单栏包含了所有 SolidWorks 命令，工具栏可根据文件类型（零件、装配体、工程图）来调整、放置并设定其显示状态，而 SolidWorks 界面底部的状态栏则可以提供设计人员正执行的有关功能的信息，如图 1-2 所示。

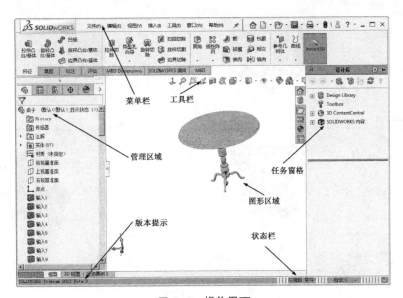

图 1-2 操作界面

下面将对界面中常用的一些区域进行介绍。

1. 菜单栏

菜单栏显示在界面的最上方，如图 1-3 所示，其中最关键的功能集中在【插入】与【工具】菜单中。

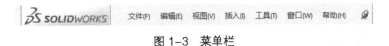

图 1-3 菜单栏

工作环境不同，SolidWorks 中相应的菜单及其中的选项也会有所不同。在进行一定的任务操作时，不起作用的菜单命令会暂时变灰，此时将无法应用该菜单命令。以【窗口】菜单为例，执行【窗口】|【视口】命令，单击【四视图】按钮，如图 1-4 所示，此时视图切换为四视口查看模型，如图 1-5 所示。

图 1-4　多视口选择

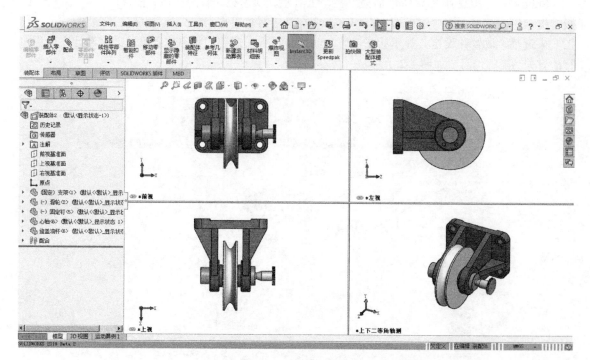

图 1-5　四视口视图

2. 工具栏

SolidWorks 2022 工具栏是常用建模工具的集合。【前导视图】工具栏以固定工具栏的形式显示在图形区域的正上方，如图 1-6 所示。

图 1-6　【前导视图】工具栏

（1）自定义工具栏的启用方法。单击菜单栏中的【视图】|【工具栏】命令，如图 1-7 所示，或者在【视图】工具栏中单击鼠标右键，显示出【工具栏】菜单项。

从图中可以看到，SolidWorks 2022 提供了多种工具栏，方便软件的使用。

单击打开某个工具栏（例如【参考几何体】工具栏），它有可能默认排放在主界面的边缘，此时可以拖曳它到图形区域中成为浮动工具栏，如图 1-8 所示。

在使用工具栏或执行工具栏中的命令时，如果光标移动到工具栏中的图标附近，会弹出一个窗口来显示该工具的名称及相应的功能，如图 1-9 所示，显示一段时间后，该内容提示会自动消失。

（2）Command Manager（命令管理器）是一个上下文相关工具栏，它可以根据要使用的工具栏进行动态更新，默认情况下，它根据文档类型嵌入相应的工具栏。【Command Manager】工具栏下有 4 个不同的选项卡：【特征】【草图】【标注】和【评估】，如图 1-10 所示。

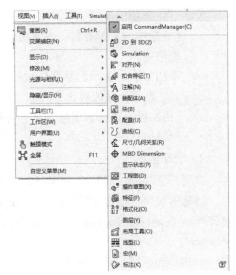

图 1-7　【工具栏】菜单项

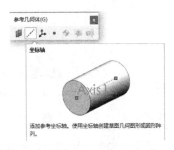

图 1-8　【参考几何体】工具栏

图 1-9　内容提示

图 1-10　【Command Manager】工具栏

- 【特征】【草图】选项卡提供【特征】【草图】的有关命令。
- 【标注】选项卡提供尺寸、公差等方面的命令。
- 【评估】选项卡提供测量、检查、分析等命令，或者在【插件】选择框中选择的有关插件。

3. 状态栏

状态栏位于图形区域的右下角，提供当前界面中正在编辑的内容的状态，以及光标位置坐标、草图状态等信息内容，如图 1-11 所示。

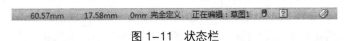

图 1-11　状态栏

状态栏中典型的信息如下。

- 【重建模型】图标⚙️：在更改了草图或零件而需要重建模型时，重建模型图标会显示在状态栏中。
- 草图状态：在编辑草图的过程中，状态栏会出现完全定义、过定义、欠定义、没有找到解、发现无效的解 5 种状态。在零件完成之前，最好完全定义草图。
- 【快速提示帮助】图标❓：它会根据 SolidWorks 的当前模式给出提示和选项，对于初学者来说很有用。

4. 管理区域

在图形区域的左侧为 SolidWorks 文件的管理区域，也称为左侧区域，如图 1-12 所示。

管理区域包括🔩特征管理器（FeatureManager）设计树、📋属性管理器（Property Manager）、🔖配置管理器（Configuration Manager）、⊕标注专家管理器（DimXpert Manager）和🔵外观管理器（Display Manager）。

单击管理区域顶部的标签，可以在应用程序之间进行切换，单击管理区域右侧的箭头 ❯，可以展开【显示窗格】，如图 1-13 所示。

5. 图形区域

对于图形区域，此处主要介绍位于界面右上角的确认角落，如图 1-14 所示。利用确认角落可以接受或放弃相应的草图绘制和特征造型操作。

图 1-12　管理区域　　　　图 1-13　展开【显示窗格】　　　　图 1-14　确认角落

- 当进行草图绘制时，可以单击确认角落里的⤴️【退出草图】按钮来结束并接受草图绘制，也可以单击✖️【删除草图】按钮来放弃草图的更改。
- 当进行特征造型时，可以单击确认角落里的⤴️【退出草图】按钮来结束并接受特征造型，也可以单击✖️【删除草图】按钮来放弃特征造型的操作。

6. 任务窗格

图形区域右侧的任务窗格是与管理 SolidWorks 文件有关的一个工作窗口。任务窗格带有 SolidWorks 资源、设计库和文件探索器等标签，SolidWorks 资源标签如图 1-15 所示。通过任务窗格，用户可以查找和使用 SolidWorks 文件。

图 1-15　任务窗格

1.1.5　特征管理器设计树

特征管理器（FeatureManager）设计树位于 SolidWorks 界面的左侧，是 SolidWorks 软件界面中比较常用的部分，如图 1-16 所示。它提供了激活的零件、装配体或工程图的大纲视图，从而可以很方便地查看模型或装配体的构造情况，或者查看工程图中的不同图纸和视图。

特征管理器设计树用来组织和记录模型中的各个要素及要素之间的参数信息和相互关系，以及模型、特征和零件之间的约束关系等，几乎包含了所有设计信息。

特征管理器设计树的主要功能有以下几种。

（1）以名称来选择模型中的项目。通过在模型中选择其名称来选择特征、草图、基准面及基准轴。SolidWorks 在这一项中的很多功能与 Windows 操作系统类似，如在选择的同时按住 Shift 键，可以选取多个连续项目；在选择的同时按住 Ctrl 键，可以选取多个非连续项目。

（2）确认和更改特征的生成顺序。在特征管理器设计树中拖曳项目可以重新调整特征的生成顺序，这将更改重建模型时特征重建的顺序。

（3）通过双击特征的名称可以显示特征的尺寸。

（4）如要更改项目的名称，在名称上缓慢双击以选择该名称，然后输入新的名称即可。

（5）在装配零件时经常用到压缩和解除压缩零件特征及装配体零部件。同样，如要选择多个特征，请在选择的时候按住 Ctrl 键。

（6）用鼠标右键单击清单中的特征，然后选择父子关系，以便查看父子关系。

（7）单击鼠标右键，在树显示里还可显示如下项目：特征说明、零部件说明、零部件配置名称、零部件配置说明等。

（8）将文件夹添加到特征管理器设计树中。

特征管理器设计树提供下列文件夹和工具。

（1）通过拖曳"退回控制棒"暂时将模型退回到早期状态，如图 1-17 所示。

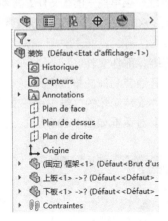

图 1-16　特征管理器设计树

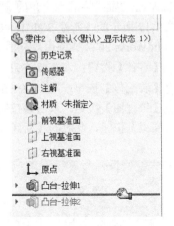

图 1-17　拖曳"退回控制棒"

通过使用特征管理器设计树的"退回控制棒"来暂时退回到早期状态或吸收的特征，往前推进，退回到以前的状态。当模型处于退回控制状态时，可以增加新的特征或编辑已有的特征。

（2）用鼠标右键单击【方程式】文件夹，并选择所需操作来添加、编辑或删除方程式（当将第一个方程式添加到零件或装配体时，即可出现方程式文件夹）。

（3）用鼠标右键单击【注解】文件夹来控制尺寸和注解的显示。

（4）记录设计日志并添加附件到【设计活页夹】文件夹。

（5）用鼠标右键单击【材质】按钮来添加或修改应用到零件的材质。

（6）查阅文档在【实体】文件夹中所包含的所有实体。

（7）查阅文档在【曲面实体】文件夹中所包含的所有曲面实体。

（8）查阅【基准面】、【基准轴】，以及插入的【零件草图】。

（9）添加自定义文件夹，并将特征拖曳到文件夹，以减小特征管理器设计树的长度。

（10）在图形区域中从弹出的【特征管理器设计树】中查阅并进行操作，而左窗格中有属性管理器出现。

（11）通过选择左侧窗格顶部的标签，可以在 【特征管理器设计树】、【属性管理器】、【配置管理器】、【标注专家管理器】、【外观管理器】及插件标签之间切换，如图 1-18 所示。

（12）若想切换特征管理器设计树的显示状态，按 F9 键或单击视图、特征管理器设计树区域，此方法在全屏模式中尤其有用。

图 1-18　切换标签

（13）在图形区域选择一个实体、面或者点，用鼠标右键单击，在弹出的菜单中选择【保存选择】命令，特征树中将生成一个【选择集】文件夹，该文件夹中包含用户选择的要素。

1.2 SolidWorks 的文件操作

SolidWorks 文件操作常用的命令有新建文件、打开文件和保存文件。

1.2.1 新建文件

在 SolidWorks 界面中单击左上角的 【新建】按钮，或者选择菜单栏中的【文件】|【新建】命令，即可弹出图 1-19 所示的【新建 SOLIDWORKS 文件】对话框，在该对话框中单击 【零件】按钮，即可得到 SolidWorks 2022 典型用户界面。

- 【零件】按钮：双击该按钮，可以生成单一的三维零部件文件。
- 【装配体】按钮：双击该按钮，可以生成零件或其他装配体的排列文件。
- 【工程图】按钮：双击该按钮，可以生成属于零件或装配体的二维工程图文件。

单击【高级】按钮，此时的【新建 SOLIDWORKS 文件】对话框如图 1-20 所示。

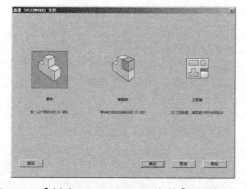

图 1-19　【新建 SOLIDWORKS 文件】对话框（1）

图 1-20　【新建 SOLIDWORKS 文件】对话框（2）

SolidWorks 软件可分为零件、装配体及工程图 3 个模块，针对不同的功能模块，其文件类型也不相同。如果准备编辑零件文件，请在【新建 SOLIDWORKS 文件】对话框中，单击 【零件】按钮，再单击【确定】按钮，即可打开一张空白的零件图文件，后续存盘时，系统默认的扩展名为列表中的 .sldprt。

1.2.2　打开文件

单击【新建 SOLIDWORKS 文件】对话框中的【零件】按钮，可以打开一张空白的零件图文件，或者单击【标准】工具栏中的【打开】按钮，打开已经存在的文件，并对其进行编辑操作，如图 1-21 所示。

在【打开】对话框里，系统会默认前一次读取的文件格式，如果想要打开不同格式的文件，请单击【文件类型】下拉列表，然后选取适当的文件类型即可。

对 SolidWorks 软件可以读取的文件格式及允许的数据转换方式，综合归类如下。

图 1-21　【打开】对话框

- SolidWorks 零件文件，扩展名为 .prt 或 .sldprt。
- SolidWorks 组合件文件，扩展名为 .asm 或 .sldasm。
- SolidWorks 工程图文件，扩展名为 .drw 或 .slddrw。
- DXF 文件，AutoCAD 格式，包括 DXF3D 文件，扩展名为 .dxf。在工程图文件中，AutoCAD 格式可以输入几何体到工程图纸或工程图纸模板中。
- DWG 文件，AutoCAD 格式，扩展名为 .dwg。
- AdobeIllustrator 文件，扩展名为 .ai。此格式可以输入零件文件，但不能输入装配体草图。
- LibFeatPart 文件，扩展名为 .lfp 或 .sldlfp。
- IGES 文件，扩展名为 .igs。可以输入 IGES 文件中的 3D 曲面作为 SolidWorks 3D 草图实体。
- STEP AP203/214 文件，扩展名为 .step 及 .stp。SolidWorks 支持 STEP AP214 文件的实体、面及曲线颜色转换。
- ACIS 文件，扩展名为 .sat。
- VDAFS 文件，扩展名为 .vda。VDAFS 是曲面几何交换的中间文件格式，VDAFS 零件文件可转换为 SolidWorks 零件文件。
- VRML 文件，扩展名为 .wrl。VRML 文件可在 Internet 上显示 3D 图像。
- Parasolid 文件，扩展名为 .x_t、.x_b、.xmt_txt 或 .xmt_bin。
- Pro/ENGINEER 文件，扩展名为 .prt、.xpr 或 .asm、.xas。SolidWorks 支持 Pro/ENGINEER 17 到 2001 的版本，以及 Wildfire 版本 1 和版本 2。
- UnigraphicsII 文件，扩展名为 .prt。SolidWorks 支持 UnigraphicsII 10 及以上版本的输入零件和装配体。

1.2.3　保存文件

单击【标准】工具栏中的 ▦【保存】按钮，或者选择菜单栏中的【文件】|【保存】命令，在弹出的对话框中输入要保存的文件名及设置文件保存的路径，即可将当前文件保存；或者也可选择【另存为】选项，弹出【另存为】对话框，如图 1-22 所示。在【另存为】对话框中更改将要保存的文件路径后，单击【保存】按钮，即可将创建好的文件保存在指定的文件夹中。

【另存为】对话框中的参数设置说明如下。

- 【保存类型】：在下拉列表中选择一种文件的保存格式，包括以另一种文件格式保存。
- 【说明】：在该选项后面的文本框中可以输入对模型的说明。

图 1-22 【另存为】对话框

1.3 常用工具命令

常用的工具命令主要包含在各种工具栏中，经常使用的工具栏有【标准】工具栏、【特征】工具栏、【草图】工具栏、【装配体】工具栏和【工程图】工具栏。

1.3.1 【标准】工具栏

【标准】工具栏位于界面正上方，如图 1-23 所示。

常用按钮的含义如下。

- 🗋【新建】：单击可打开【新建 SOLIDWORKS 文件】对话框，从而建立一个空白图文件。

- 📂【打开】：单击可在【打开】对话框中打开
  磁盘驱动器中已有的图文件。

- 🖫【保存】：单击可将目前编辑中的工作视图
  按原先读取的文件名称存盘，如果工作视图
  是新建的文件，则系统会自动启动另存为新文件功能。

图 1-23 【标准】工具栏

- 🖨【打印】：单击可将指定范围内的图文资料送往打印机或绘图机，执行打印出图功能或打印到文件功能。

- 🔄【撤销】：单击可以撤销本次或者上次的操作，返回未执行该项命令前的状态，可重复返回多次。

- ▷【选择】：单击可进入选取像素对象的模式。

- 🔧【重建模型】：单击可以使系统依照图文数据库里最新的图文资料，更新屏幕上显示的模型图形。

- 🗐【文件属性】：显示激活文档的摘要信息。

- ⚙【选项】：更改 SolidWorks 的选项设定。

1.3.2 【特征】工具栏

在 SolidWorks 2022 软件中，【特征】工具栏直接以选项卡的方式显示在界面的上方，如图 1-24

所示。

图 1-24　【特征】工具栏

另外，也可以选择菜单栏中的【视图】|【工具栏】命令，单击【特征】按钮，即可将【特征】工具栏悬浮在界面上，如图 1-25 所示。

图 1-25　悬浮的【特征】工具栏

常用按钮的含义如下。

- 🔲【拉伸凸台 / 基体】：以一个或两个方向拉伸草图或绘制的草图轮廓生成一个实体。
- 🔲【旋转凸台 / 基体】：单击可将用户选取的草图轮廓图形，绕着用户指定的旋转中心轴旋转为 3D 模型。
- 🔲【扫描】：单击可以沿开环或闭合路径通过扫描闭合轮廓来生成实体模型。
- 🔲【放样凸台 / 基体】：单击可以在两个或多个轮廓之间添加材质来生成实体特征。
- 🔲【边界凸台 / 基体】：以两个方向在轮廓间添加材料以生成实体特征。
- 🔲【拉伸切除】：单击将工作图文件里原有的 3D 模型，扣除草图轮廓图形绕着指定的旋转中心轴旋转成的 3D 模型，保留剩下的 3D 模型区域。
- 🔲【异型孔向导】：单击可以利用预先定义的剖面插入孔。
- 🔲【旋转切除】：单击可通过绕轴心旋转绘制的轮廓来切除实体模型。
- 🔲【扫描切除】：沿开环或闭合路径通过扫描轮廓来切除实体模型。
- 🔲【放样切割】：在两个或多个轮廓之间通过移除材质来切除实体模型。
- 🔲【边界切除】：通过以两个方向在轮廓之间移除材料来切除实体模型。
- 🔲【圆角】：沿实体或曲面特征中的一条或多条边线生成圆形内部或外部的面。
- 🔲【线性阵列】：单击可以对一个或两个线性方向阵列特征、面及实体等。
- 🔲【倒角】：单击可以沿边线、一串切边或顶点生成一条倾斜的边线。
- 🔲【筋】：单击可对工作图文件里的 3D 模型，按照用户指定的断面图形，加入一个加强肋特征。
- 🔲【抽壳】：通过单击该工具按钮，可对工作图文件里的 3D 实体模型，加入平均厚度薄壳特征。
- 🔲【拔模】：单击可对工作图文件里 3D 模型的某个曲面或平面，加入拔模倾斜面。
- 🔲【圆周阵列】：单击可以绕轴心阵列特征、面及实体等。
- 🔲【包覆】：将草图轮廓闭合到面上。
- 🔲【圆顶】：添加一个或多个圆顶到所选平面或非平面。
- 🔲【镜向】：单击可以绕面或者基准面镜像特征、面及实体等。
- 🔲【参考几何体】：单击 ▾ 可以弹出【参考几何体】命令组，如图 1-26 所示。再根据需要选择不同的基准，然后在设定的基准上插入草图来编辑或更改零件图。

- ○ ↻ 【曲线】：单击 ▼ 可以弹出【曲线】命令组，如图 1-27 所示。

图 1-26 【参考几何体】命令组　　　　图 1-27 【曲线】命令组

- ○ 🖋️ 【Instant3D】：启用拖曳控标、尺寸及草图来动态修改特征。

1.3.3 【草图】工具栏

【草图】工具栏和【特征】工具栏一样，也有两种形式，如图 1-28 所示。

图 1-28 【草图】工具栏的两种形式

常用按钮的含义如下所述。

- ○ ⌐ 【草图绘制】：通过单击该按钮，可以在任何默认基准面或自己设定的基准面上生成草图。
- ○ 🗒 【3D 草图】：单击可以在工作基准面上或在 3D 空间的任意点上生成 3D 草图实体。
- ○ 🖋️ 【智能尺寸】：为一个或多个所选实体生成尺寸。
- ○ ╱ 【直线】：单击并依序指定线段图形的起点及终点位置，可在工作图文件里生成一条绘制的直线。
- ○ ⬜ 【边角矩形】：单击并依序指定矩形图形的两个对角点位置，可在工作图文件里生成一个矩形。
- ○ ◎ 【圆】：单击并用鼠标左键指定圆心后，拖曳鼠标，可在工作图文件里生成一个圆形。
- ○ ⌒ 【圆心 / 起 / 终点圆弧】：单击并依序指定圆弧图形的圆心点、半径、起点及终点位置，可在工作图文件生成一个圆弧。
- ○ ⊙ 【多边形】：生成边数在 3 ～ 40 的等边多边形，可在绘制多边形后更改边数。
- ○ Ⲛ 【样条曲线】：单击并依序指定曲线图形的每个"经过点"位置，可在工作图文件里生成一条不规则曲线。
- ○ ⌐ 【绘制圆角】：在交叉点切圆两个草图实体的角，从而生成切线弧。
- ○ ▦ 【基准面】：单击可插入基准面到 3D 草图。

- ○ 𝔸【文字】：可在面、边线，以及草图实体上绘制文字。
- ○ ▫【点】：将光标移到图形区域里所需的位置，单击鼠标左键，即可在工作图文件里生成一个点。
- ○ 𝔐【剪裁实体】：单击可以剪裁一直线、圆弧、椭圆、圆、样条曲线或中心线，直到它与另一直线、圆弧、椭圆、圆、样条曲线或中心线相交。
- ○ ⬡【转换实体引用】：单击就可以将模型中的所选边线转换为草图实体。
- ○ 𝔼【等距实体】：单击可以通过一定距离等距面、边线、曲线或草图实体来添加草图实体。
- ○ ⋈【镜向实体】：单击可将工作界面里被选取的 2D 像素对称于某个中心线草图图形，进行镜像的操作。
- ○ ⬚⬚【线性草图阵列】：使用要阵列的草图实体中的单元或模型边线生成线性草图阵列。
- ○ ⅔【移动实体】：单击可移动一个或多个草图实体。
- ○ ⅃【显示 / 删除几何关系】：在草图实体之间添加重合、相切、同轴、水平、竖直等几何关系，亦可删除。
- ○ ⬓【修复草图】：能够找出草图错误，有些情况下还可以修复这些错误。

1.3.4　【装配体】工具栏

【装配体】工具栏如图 1-29 所示，可用于控制零部件的管理、移动及配合。

常用按钮的含义如下所述。

- ○ ⬚【插入零部件】：单击可用来插入零部件、现有零件 / 装配体。
- ○ ◗【配合】：单击可指定装配体中任意两个或多个零件的配合。
- ○ ⬚⬚【线性零部件阵列】：可以以一个或两个方向在装配体中生成零部件线性阵列。
- ○ ⬚【智能扣件】：单击该按钮后，智能扣件将自动给装配体添加扣件（螺栓和螺钉）。
- ○ ⬚【移动零部件】：单击可通过拖曳使零部件沿着设定的自由度移动。
- ○ ⬚【显示隐藏的零部件】：可以切换零部件的隐藏和显示状态，并在图形区域中选择隐藏的零部件以使其显示。
- ○ ⬚【装配体特征】：生成各种装配体特征，如图 1-30 所示。

图 1-29　【装配体】工具栏　　　　图 1-30　装配体特征

- ○ ⬚【新建运动算例】：新建一个装配体模型运动的图形模拟。

- ⊙ 🖼️【材料明细表】：新建一个材料明细表。
- ⊙ ✏️【爆炸视图】：单击可以生成和编辑装配体的爆炸视图。
- ⊙ 🔍【干涉检查】：单击可以检查装配体中是否有干涉的情况。
- ⊙ 📐【间隙验证】：使用间隙验证可以检查装配体中所选零部件之间的间隙。
- ⊙ 🔧【孔对齐】：单击可以检查装配体中是否存在未对齐的孔。
- ⊙ 🏠【装配体直观】：按自定义属性直观装配体零部件。
- ⊙ 🔋【性能评估】：分析装配体的性能，并会建议采取一些可行的操作来改进性能。当操作大型、复杂的装配体时，这种做法会很有用。

1.3.5　【工程图】工具栏

【工程图】工具栏如图 1-31 所示。

图 1-31　【工程图】工具栏

常用按钮的含义如下。

- ⊙ 🖼️【模型视图】：单击可将一个模型视图插入工程图文件中。
- ⊙ 📐【投影视图】：单击可从任何正交视图插入投影的视图。
- ⊙ ✏️【辅助视图】：类似于投影视图，不同的是，它可以垂直于现有视图中的参考边线来展开视图。
- ⊙ ↕️【剖面视图】：单击可以用一条剖切线来分割父视图，进而在工程图中生成一个剖面视图。
- ⊙ 🔍【局部视图】：单击可用来显示一个视图的某个部分（通常是以放大比例显示）。
- ⊙ 📊【标准三视图】：单击可以为所显示的零件或装配体生成 3 个相关的默认正交视图。
- ⊙ 🖼️【断开的剖视图】：单击可在工程视图上通过绘制一个轮廓生成断开的剖视图。
- ⊙ 〰️【断裂视图】：单击可将工程图视图用较大比例显示在较小的工程图纸上。
- ⊙ 🖼️【剪裁视图】：通过隐藏除定义区域之外的所有内容而集中于工程图视图的某一部分。
- ⊙ 📑【交替位置视图】：通过在不同位置进行显示而表示装配体零部件的运动范围。

1.4　操作环境设置

SolidWorks 的功能十分强大，但是它的所有功能不可能一一罗列在界面上供用户调用，这就需要在特定的情况下，通过设置和调整操作环境来满足用户设计的需求。

1.4.1　工具栏的设置

工具栏里包含了所有菜单命令的快捷方式。通过使用工具栏，可以大大提高 SolidWorks 的设计效率。合理利用自定义工具栏设置，既可以使操作方便快捷，又不会使操作界面过于复杂。SolidWorks 的一大特色就是提供了所有可以自定义的工具栏按钮。

1．自定义工具栏

用户可根据文件类型（零件、装配体或工程图）来放置工具栏，并设定其显示状态，即可选择想显示的工具栏，并清除想隐藏的工具栏。

自定义设置的操作如下。

（1）执行菜单栏中的【工具】|【自定义】命令，或者在工具栏区域单击鼠标右键，选择【自定义】命令，弹出图 1-32 所示的【自定义】对话框。

（2）在【工具栏】选项卡下，勾选想显示的工具栏复选框，同时取消勾选想隐藏的工具栏复选框。

（3）如果显示的工具栏位置不理想，可以将光标指向工具栏按钮之间空白的地方，然后拖曳工具栏到想要的位置。例如将工具栏拖到 SolidWorks 界面的边缘，工具栏就会自动定位在该边缘。

2．自定义命令

（1）执行菜单栏中的【工具】|【自定义】命令，或者在工具栏区域单击鼠标右键，在弹出的菜单中选择【自定义】命令，系统弹出【自定义】对话框，单击【命令】标签，打开【命令】选项卡，如图 1-33 所示。

图 1-32　【自定义】对话框（1）

图 1-33　【自定义】对话框（2）

（2）在【类别】一栏中选择要改变的工具栏，对工具栏中的按钮进行重新安排。

（3）对工具栏中工具按钮的移动操作如下：在【命令】栏中找到需要的命令，单击要使用的命令按钮，将其拖曳到工具栏上的新位置，从而达到重新安排工具栏上按钮的目的。

（4）对工具栏中工具按钮的删除操作如下：单击要删除的按钮，并将其从工具栏拖曳到图形区域中即可。

1.4.2　鼠标常用方法

鼠标在 SolidWorks 软件中的使用频率非常高，可以用其实现平移、缩放、旋转、绘制几何图素和创建特征等操作。基于 SolidWorks 软件的特点，建议使用三键滚轮鼠标，在设计时可以有效地提高设计效率。表 1-1 列出了三键滚轮鼠标的使用方法。

表 1-1　三键滚轮鼠标的使用方法

鼠标按键	作　用	操 作 说 明
左键	用于选择菜单命令和单击实体对象工具按钮，绘制几何图元等	直接单击鼠标左键
滚轮（中键）	放大或缩小	按 Shift+ 中键并上下移动光标，可以放大或缩小视图；直接滚动滚轮中键，同样可以放大或缩小视图
	平移	按 Ctrl+ 中键并移动光标，可将模型按鼠标移动的方向平移
	旋转	按住鼠标中键不放并移动光标，即可旋转模型
右键	弹出快捷菜单	直接单击鼠标右键

1.5　参考坐标系

SolidWorks 使用带原点的坐标系统。当选择基准面或者打开一个草图并选择某一面时，将生成一个新的原点，与基准面或者所选面对齐。原点可以用作草图实体的定位点，并有助于定向轴心透视图。原点有助于 CAD 数据的输入与输出、电脑辅助制造、质量特征的计算等。

1.5.1　原点

零件原点显示为蓝色，代表零件的（0，0，0）坐标。当草图处于激活状态时，草图原点显示为红色，代表草图的（0，0，0）坐标。可以将尺寸标注和几何关系添加到零件原点中，但不能添加到草图原点中。原点有如下几种。

- ⊥：蓝色，表示零件原点，每个零件文件中均有一个零件原点。
- ⊥：红色，表示草图原点，每个新草图中均有一个草图原点。
- ⊥：装配体原点。
- ⊥：零件和装配体文件中的视图引导。

1.5.2　参考坐标系的属性设置

单击【参考几何体】工具栏中的 ⊥【坐标系】按钮，或者选择【插入】|【参考几何体】|【坐标系】菜单命令，弹出图 1-34 所示的属性管理器。常用选项的介绍如下。

（1）⊥【原点】：定义原点。单击其选择框，在图形区域中选择零件或者装配体中的一个顶点、点、中点或者默认的原点。

（2）【X 轴】【Y 轴】【Z 轴】：定义各轴。单击其选择框，在图形区域中按照以下方法之一定义所选轴的方向。

- 单击顶点、点或者中点，则轴与所选点对齐。
- 单击线性边线或者草图直线，则轴与所选的边线或者直线平行。
- 单击非线性边线或者草图实体，则轴与选择的实体上所选位置对齐。
- 单击平面，则轴与所选面的垂直方向对齐。

图 1-34　【坐标系】属性管理器

（3）【反转轴方向】：单击可反转轴的方向。

1.6　参考基准轴

参考基准轴的用途较多，在生成草图几何体或者圆周阵列时常使用参考基准轴，概括起来为以下 3 项。

（1）基准轴可以作为圆柱体、圆孔、回转体的中心线。

（2）作为参考轴，辅助生成圆周阵列等特征。

（3）将基准轴作为同轴度特征的参考轴。

1.6.1　参考基准轴的属性设置

单击【参考几何体】工具栏中的【基准轴】按钮，或者选择【插入】|【参考几何体】|【基准轴】菜单命令，弹出图 1-35 所示的属性管理器。

在【选择】选项组中进行选择以生成不同类型的基准轴，对应的选项有以下 5 个。

- 　【一直线 / 边线 / 轴】：选择一条草图直线或者边线作为基准轴。
- 　【两平面】：选择两个平面，利用两个面的交叉线作为基准轴。
- 　【两点 / 顶点】：选择两个顶点、两个点或者中点之间的连线作为基准轴。
- 　【圆柱 / 圆锥面】：选择一个圆柱或者圆锥面，利用其轴线作为基准轴。
- 　【点和面 / 基准面】：选择一个平面，然后选择一个顶点，由此所生成的轴通过所选择的顶点垂直于所选的平面。

图 1-35　【基准轴】属性管理器

1.6.2　显示参考基准轴

选择【视图】|【基准轴】菜单命令，可以看到菜单命令左侧的按钮下沉，如图 1-36 所示，这表示基准轴可见（再次选择该命令，该按钮恢复为关闭基准轴的显示）。

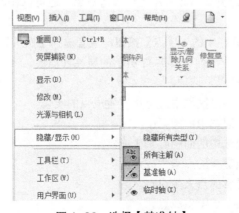

图 1-36　选择【基准轴】

1.7 参考基准面

在【特征管理器设计树】中默认提供前视、上视及右视基准面，除默认的基准面外，还可以生成参考基准面。

在 SolidWorks 中，参考基准面的用途有很多，总结为以下几项。

- 作为草图绘制平面。
- 作为视图定向参考。
- 作为装配时零件相互配合的参考面。
- 作为尺寸标注的参考。
- 作为模型生成剖面视图的参考面。
- 作为拔模特征的参考面。

参考基准面的属性设置方法如下：单击【参考几何体】工具栏中的  【基准面】按钮，或者选择【插入】|【参考几何体】|【基准面】菜单命令，弹出图 1-37 所示的属性管理器。

在【第一参考】选项组中，选择需要生成的基准面类型及项目。选项主要有如下几种。

- ⬚【平行】：通过模型的表面生成一个基准面。
- ⊥【垂直】：可以生成垂直于一条边线、轴线或者平面的基准面。
- ⅄【重合】：通过一个点、线和面生成基准面。
- ⋈【两面夹角】：通过一条边线（或者轴线、草图线等）与一个面（或者基准面）以一定夹角生成基准面。

图 1-37 【基准面】属性管理器

- ▦【等距距离】：在平行于一个面（或者基准面）的指定距离生成等距基准面。首先选择一个平面（或者基准面），然后设置"距离"数值。
- 【反转等距】：选择此选项，在相反的方向生成基准面。

1.8 参考点

SolidWorks 可以生成多种类型的参考点用作构造对象，还可以在彼此间已指定距离分割的曲线上生成指定数量的参考点。

单击【参考几何体】工具栏中的 ⬝【点】按钮，或者选择【插入】|【参考几何体】|【点】菜单命令，弹出图 1-38 所示的属性管理器。

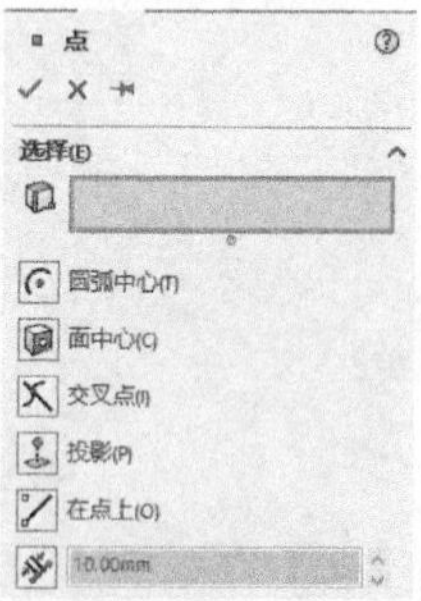

在【选择】选项组中包括以下选项。

- ▦【参考实体】：在图形区域中选择用以生成点的实体。
- ⌒【圆弧中心】：按照选中的圆弧中心来生成点。
- ▣【面中心】：按照选中的面中心来生成点。
- ✕【交叉点】：按照交叉的点来生成点。
- ⚓【投影】：按照投影的点来生成点。
- ⁄【在点上】：在某个点上生成点。

图 1-38 【点】属性管理器

- ⊗【沿曲线距离或多个参考点】：沿边线、曲线或者草图线段生成一组参考点，输入距离或者百分比数值即可。

1.9　SolidWorks 2022 新增功能概述

- 输出文件格式可包括工程图纸张颜色：当将工程图另存为图像和 PDF 文件格式时，可以包括纸张颜色。
- 允许输出 STL 格式：允许零件和装配体导出为 STL 格式。
- 参考几何体：将鼠标悬停在模型表面上，然后按 Q 键以显示参考基准面。通过按 Shift 键或 Ctrl 键选择多个参考几何体，在选择参考几何体后，SolidWorks 会自动消除所有不需要的参考几何体。
- 作为方向参考的线性草图实体：对于线性草图阵列中的方向参考，可以从包含要阵列实体的同一草图中选择一条直线。注意，所选直线成为要阵列实体的一部分，而不是方向参考。
- 使用数值定义坐标系：在零件和装配体中，用户可以通过输入位置和方向的绝对数值来定义坐标系。
- 装饰螺纹线：装饰螺纹线在外观上更接近真实。
- 外螺纹螺柱向导：用户可以使用螺柱向导来创建外部螺纹螺柱特征。此工具的工作方式与异型孔向导类似，先定义螺柱参数，然后将螺柱定位到模型上，还可以将螺纹参数应用到现有的圆形螺柱上。
- 绕两个基准面镜像：可以一次性绕两个基准面进行镜像。
- 折弯上的蚀刻轮廓：在折弯面上带有内嵌文字或分割线特征的钣金零件中，当用户展平、展开或折叠零件时，文字或分割线保持不变。
- 在半径和直径尺寸之间切换：在零件、装配体和工程图中，对于圆弧和圆的尺寸，可以使用上下文工具栏将尺寸切换为显示成半径、直径或线性直径。

1.10　创建参考几何体范例

下面结合现有模型，介绍创建参考几何体的具体方法。

1.10.1　生成参考坐标系

（1）启动中文版 SolidWorks 软件，单击【标准】工具栏中的 ☑【打开】按钮，弹出【打开】属性管理器，打开【配套数字资源 \ 第 1 章 \ 范例文件 \1.SLDPRT】，单击【打开】按钮，在图形区域中显示出模型，如图 1-39 所示。

（2）生成坐标系。单击【参考几何体】工具栏中的 ♪【坐标系】按钮，弹出属性管理器。

（3）定义原点。在图形区域中单击模型上方的一个顶点，点的名称就会显示在 ♪【原点】选择框中。

（4）定义各轴。单击【X 轴】【Y 轴】选择框，在图形区域中选择线性边线，将所选轴的方向与所选的边线平行，单击【Z 轴】下的 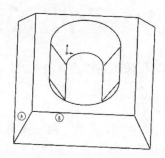 【反转 Z 轴方向】按钮，反转轴的方向，如图 1-40 所示，单击 【确定】按钮，生成坐标系。

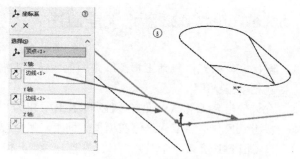

图 1-39 打开模型   图 1-40 生成坐标系

1.10.2 生成参考基准轴

（1）单击【参考几何体】工具栏中的 【基准轴】按钮，弹出属性管理器。

（2）单击 【圆柱 / 圆锥面】按钮，选择模型的曲面，检查 【参考实体】选择框中列出的项目，如图 1-41 所示，单击 【确定】按钮，生成基准轴。

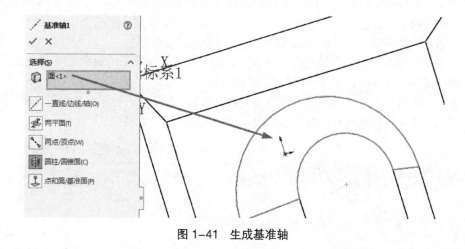

图 1-41 生成基准轴

1.10.3 生成参考基准面

（1）单击【参考几何体】工具栏中的 【基准面】按钮，弹出属性管理器。

（2）单击 【两面夹角】按钮，在图形区域中选择模型的右侧面及其上边线，在 【参考实体】选择框中显示出选择的项目名称，设置【角度】数值为 45.00 度，如图 1-42 所示，在图形区域中显示出新的基准面的预览，单击 【确定】按钮，生成基准面。

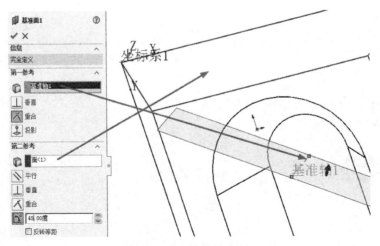

图 1-42　生成基准面

第 2 章
草图绘制

在第 1 章中介绍了参考几何体的使用，本章的草图就是建立在参考几何体上的。本章主要介绍草图的绘制，包括草图基础知识、常用草图绘制命令、草图编辑命令、尺寸标注及几何关系。二维草图是建立三维特征的基础，因此本章的内容要重点掌握。

重点与难点

- 二维草图的创建
- 二维草图的编辑
- 尺寸标注及几何关系

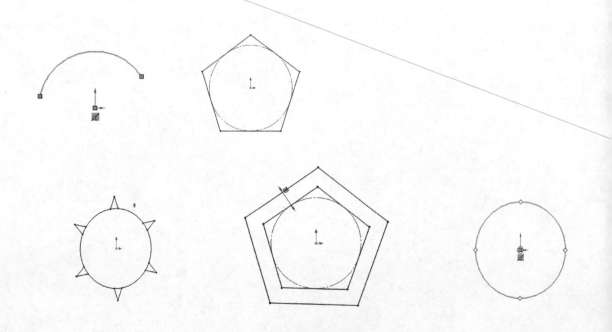

2.1 基础知识

在使用草图绘制命令前，首先要了解草图绘制的基本概念，以更好地掌握草图绘制和草图编辑的方法。本节主要介绍草图的基本操作，认识草图绘制工具栏，熟悉绘制草图时光标的显示状态。

2.1.1 进入草图绘制状态

草图必须绘制在平面上，这个平面既可以是基准面，也可以是三维模型上的平面。开始进入草图绘制状态时，系统默认有 3 个基准面：前视基准面、右视基准面和上视基准面，如图 2-1 所示。由于没有其他平面，因此零件的初始草图绘制是从系统默认的基准面开始。

图 2-2 所示为常用的【草图】工具栏，工具栏中有绘制草图、编辑草图的命令按钮及其他草图命令按钮。

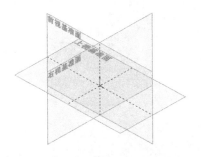

图 2-1 系统默认的基准面

绘制草图既可以先指定绘制草图所在的平面，也可以先选择草图绘制实体，具体根据实际情况灵活运用。进入草图绘制状态的操作方法如下。

图 2-2 【草图】工具栏

（1）在特征管理器中选择要绘制草图的基准面，即前视基准面、右视基准面和上视基准面中的一个面。

（2）单击【草图】工具栏中的 □ 【草图绘制】按钮，或者单击【草图】工具栏中要绘制的草图实体，进入草图绘制状态。

2.1.2 退出草图绘制状态

零件是由多个特征组成的，有些特征需要由一个草图生成，有些需要由多个草图生成，如扫描实体、放样实体等。因此草图绘制完成后，才可建立特征。退出草图绘制状态的方法主要有以下几种，下面将分别进行介绍，在实际使用中要灵活运用。

● 菜单方式

草图绘制完成后，选择【插入】|【退出草图】菜单命令，如图 2-3 所示，退出草图绘制状态。

● 工具栏命令按钮方式

单击选择【草图】工具栏中的 □ 【退出草图】按钮，或者单击选择【标准】工具栏中的 ❽ 【重建模型】按钮，退出草图绘制状态。

● 右键快捷菜单方式

在图形区域单击鼠标右键，系统弹出图 2-4 所示的快捷菜单，在其中用鼠标左键单击 □ 【退出草图】按钮，退出草图绘制状态。

● 在图形区域退出图标方式

在进入草图绘制状态的过程中，在图形区域的右上角会出现图 2-5 所示的草图提示按钮。单击
🖼【退出草图】按钮，确认绘制的草图，并退出草图绘制状态。

图 2-3　菜单方式退出草图绘制状态　图 2-4　快捷菜单方式退出草图绘制状态　图 2-5　草图提示按钮

2.1.3　光标

在 SolidWorks 中，绘制草图实体或者编辑草图实体时，光标会根据所选择的命令，在绘图时
变为相应的图标。执行不同的命令时，光标会在不同的草图实体及特征实体上显示不同的类型。光
标既可以在草图实体上形成，也可以在特征实体上形成。在特征实体上的光标，只能在绘图平面的
实体边缘产生。

下面为常见的光标类型。

● ✎【点】光标：执行【绘制点】命令时光标的显示。
● ✎【直线】光标：执行【绘制直线】或【中心线】命令时光标的显示。
● ✎【圆弧】光标：执行【绘制圆弧】命令时光标的显示。
● ✎【圆】光标：执行【绘制圆】命令时光标的显示。
● ✎【椭圆】光标：执行【绘制椭圆】命令时光标的显示。
● ✎【抛物线】光标：执行【绘制抛物线】命令时光标的显示。
● ✎【样条曲线】光标：执行【绘制样条曲线】命令时光标的显示。
● ✎【矩形】光标：执行【绘制矩形】命令时光标的显示。
● ✎【多边形】光标：执行【绘制多边形】命令时光标的显示。
● ✎【草图文字】光标：执行【绘制草图文字】命令时光标的显示。
● ✎【剪裁草图实体】光标：执行【剪裁草图实体】命令时光标的显示。
● ✎【延伸草图实体】光标：执行【延伸草图实体】命令时光标的显示。
● ✎【分割草图实体】光标：执行【分割草图实体】命令时光标的显示。
● ✎【标注尺寸】光标：执行【标注尺寸】命令时光标的显示。
● ✎【圆周阵列草图】光标：执行【圆周阵列草图】命令时光标的显示。

- ▨ 【线性阵列草图】光标：执行【线性阵列草图】命令时光标的显示。

2.2 草图命令

草图命令是指绘制草图要素的基本命令，用户通过草图命令绘制三维建模需要用的二维草图。

2.2.1 绘制点

点在模型中只起参考作用，不影响三维建模的外形，执行【点】命令后，在图形区域中的任何位置都可以绘制点。

1. 点的属性设置

单击【草图】工具栏中的 ▪【点】按钮，或者选择【工具】|【草图绘制实体】|【点】菜单命令，打开图 2-6 所示的属性管理器。常用选项的介绍如下。

- ˣ：在后面的框中输入点的 X 坐标。
- ˇ：在后面的框中输入点的 Y 坐标。

2. 绘制点的操作方法

（1）新建零件文件，用鼠标右键单击前视基准面，单击 ▯【草图绘制】按钮进入草图绘制状态。

（2）选择【工具】|【草图绘制实体】|【点】菜单命令，或者单击【草图】工具栏中的 ▪【点】按钮，光标变为 ⬎【点】光标。

（3）在图形区域需要绘制点的位置单击鼠标左键形成一个点，此时绘制点命令仍处于激活状态，可以继续单击以形成其他的点。

（4）单击鼠标右键，弹出图 2-7 所示的快捷菜单，选择【选择】命令，或者单击选择【草图】工具栏中的 ▨【退出草图】按钮，退出点绘制状态。

图 2-6 【点】属性　　图 2-7　右键快捷菜单
管理器

2.2.2 绘制直线

单击【草图】工具栏中的 ⁄【直线】按钮，或者选择【工具】|【草图绘制实体】|【直线】菜单命令，打开图 2-8 所示的属性管理器。

1. 直线的属性设置

- 【按绘制原样】：以鼠标指定的点绘制直线。
- 【水平】：以指定的长度在水平方向绘制直线。
- 【竖直】：以指定的长度在竖直方向绘制直线。
- 【角度】：以指定的角度和长度方式绘制直线。

图 2-8 【插入线条】属性管理器

2. 绘制直线的操作方法

（1）新建零件文件，用鼠标右键单击前视基准面，单击 ▭ 【草图绘制】按钮进入草图绘制状态。

（2）选择【工具】|【草图绘制实体】|【直线】菜单命令，或者单击【草图】工具栏中的 ╱ 【直线】按钮，光标变为 ◞ 【直线】光标。

（3）在图形区域单击作为起点，移动鼠标，再次单击作为终点。此时绘制直线命令仍处于激活状态，可以继续单击以形成其他的直线。

（4）单击鼠标右键，弹出快捷菜单，选择【选择】命令，结束直线绘制状态。

2.2.3　绘制圆

单击【草图】工具栏中的 ⊙ 【圆】按钮，或者选择【工具】|【草图绘制实体】|【圆】菜单命令，打开属性管理器。圆的绘制方式有中心圆和周边圆两种，当以某一种方式绘制圆以后，属性管理器如图 2-9 所示。

1. 圆的属性设置

- ◉　：绘制基于中心的圆。
- ◉　：绘制基于周边的圆。

2. 绘制中心圆的操作方法

（1）新建零件文件，用鼠标右键单击前视基准面，单击 ▭ 【草图绘制】按钮进入草图绘制状态。选择【工具】|【草图绘制实体】|【圆】菜单命令，或者单击【草图】工具栏中的 ⊙ 【圆】按钮，光标变为 ◞ 【圆】光标。

（2）在【圆类型】选项组中，单击选择 ◉ 【绘制基于中心的圆】按钮，在图形区域中合适的位置单击鼠标左键确定圆的圆心，如图 2-10 所示。

图 2-9　【圆】属性管理器

图 2-10　绘制圆心

（3）移动鼠标拖出一个圆，然后单击鼠标左键，确定圆的半径，如图 2-11 所示。

（4）单击【圆】属性管理器中的 ✓ 【确定】按钮，完成圆的绘制，效果如图 2-12 所示。

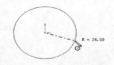

图 2-11　确定圆的半径

图 2-12　绘制的圆

2.2.4　绘制圆弧

单击【草图】工具栏中的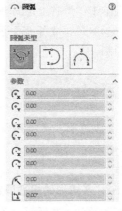【圆心 / 起 / 终点圆弧】按钮或单击 ⤴【切线弧】按钮或单击 ⌒【3点圆弧】按钮，或者选择【工具】|【草图绘制实体】|【圆心 / 起 / 终点圆弧】或【切线弧】或【3点圆弧】菜单命令，打开图 2-13 所示的属性管理器。

1. 圆弧的属性设置

- ⚲ ：基于圆心 / 起 / 终点圆弧方式绘制圆弧。
- 🗁 ：基于切线弧方式绘制圆弧。
- ⌒ ：基于 3 点圆弧方式绘制圆弧。

2. 圆弧的操作方法（基于圆心 / 起 / 终点圆弧方式）

（1）新建零件文件，用鼠标右键单击前视基准面，单击 ⬓【草图绘制】按钮进入草图绘制状态。选择【工具】|【草图绘制实体】|【圆心 / 起 / 终点圆弧】菜单命令，或者单击【草图】工具栏中的 ⚲【圆心 / 起 / 终点圆弧】按钮，光标变为 ✎【圆弧】光标。

（2）在图形区域单击，确定圆弧的圆心，如图 2-14 所示。

图 2-13　【圆弧】属性管理器

（3）在图形区域其他的位置单击，确定圆弧的起点，如图 2-15 所示。

（4）在图形区域其他的位置单击，确定圆弧的终点，如图 2-16 所示。

图 2-14　绘制圆弧圆心　　　图 2-15　绘制圆弧起点　　　图 2-16　绘制圆弧终点

（5）单击【圆弧】属性管理器中的 ✔【确定】按钮，完成圆弧的绘制。

2.2.5　绘制矩形

单击【草图】工具栏中的 ▭【矩形】按钮，或者选择【工具】|【草图绘制实体】|【矩形】菜单命令，打开图 2-17 所示的属性管理器。矩形类型有 5 种，分别是边角矩形、中心矩形、3点边角矩形、3 点中心矩形和平行四边形。

1. 矩形的属性设置

- ⬚ ：绘制标准矩形草图。
- ⊡ ：绘制一个包括中心点的矩形。
- ◇ ：以所选的角度绘制一个矩形。
- ◈ ：以所选的角度绘制带有中心点的矩形。
- ▱ ：绘制标准平行四边形的草图。

2. 绘制矩形的操作方法

（1）新建零件文件，用鼠标右键单击前视基准面，单击 ⬚ 【草图绘制】按钮进入草图绘制状态，选择【工具】|【草图绘制实体】|【矩形】菜单命令，光标变为 ⬚ 【矩形】光标。

（2）在【矩形】属性管理器中单击 ⬚ 【边角矩形】按钮。

（3）在图形区域中单击一点作为矩形左下角的端点，移动鼠标，再次单击作为右上角的端点。

（4）单击【矩形】属性管理器中的 ✔ 【确定】按钮，完成矩形的绘制。

图 2-17 【矩形】属性管理器

2.2.6 绘制多边形

【多边形】命令用于绘制数量为 3～40 的等边多边形。单击【草图】工具栏中的 ⊙ 【多边形】按钮，或者选择【工具】|【草图绘制实体】|【多边形】菜单命令，打开图 2-18 所示的属性管理器。

1. 多边形的属性设置

- ⬡：在后面的文本框中输入多边形的边数，通常为 3～40 条边。
- 内切圆：以内切圆方式生成多边形。
- 外接圆：以外接圆方式生成多边形。
- ⬡：显示多边形中心的 X 坐标。
- ⬡：显示多边形中心的 Y 坐标。
- ⬡：显示内切圆或外接圆的直径。
- ⬡：显示多边形的旋转角度。
- 新多边形：单击该按钮，可以绘制另外一个多边形。

图 2-18 【多边形】属性管理器

2. 绘制多边形的操作方法

（1）新建零件文件，用鼠标右键单击前视基准面，单击 ⬚ 【草图绘制】按钮进入草图绘制状态，选择【工具】|【草图绘制实体】|【多边形】菜单命令，或者单击【草图】工具栏中的 ⊙ 【多边形】按钮，光标变为 ⬚ 【多边形】光标。

（2）在【多边形】属性管理器的【参数】设置组中，设置多边形的边数，选择是内切圆模式还是外接圆模式。

（3）在图形区域单击鼠标左键，确定多边形的中心，拖曳鼠标，在合适的位置再次单击鼠标左键，确定多边形的形状。

（4）单击【多边形】属性管理器中的 ✔ 【确定】按钮，完成多边形的绘制。

2.2.7 绘制草图文字

草图文字可以添加在任何连续曲线或边线组中，包括由直线、圆弧或样条曲线组成的圆或轮廓。单击【草图】工具栏中的 🅰 【文字】按钮，或者选择【工具】|【草图绘制实体】|【文字】菜单命令，弹出图 2-19 所示的属性管理器。

1．文字的属性设置

（1）【曲线】选择组。

- 　选择边线、曲线、草图及草图段。所选实体的名称显示在【曲线】选择框中，绘制的草图文字将沿实体出现。

（2）【文字】参数组。

- 【文字】文本框：在【文字】文本框中输入文字，文字在图形区域中沿所选实体出现。
- 样式：有 3 种样式，B【加粗】表示将输入的文字加粗；I【斜体】表示将输入的文字以斜体方式显示；C【旋转】表示将选择的文字以设定的角度旋转。
- 对齐：有 4 种样式，分别是 【左对齐】、 【居中】、 【右对齐】和 【两端对齐】。对齐只可用于沿曲线、边线或草图线段的文字。

图 2-19　【草图文字】属性管理器

- 反转：有 4 种样式，分别是 【竖直反转】、 【返回】、 【水平反转】和 【返回】，其中【竖直反转】只可用于沿曲线、边线或草图线段的文字。
- 　：按指定的百分比均匀加宽每个字符。
- 　：按指定的百分比更改字符之间的间距。
- 【使用文档字体】：勾选可以使用文档字体，取消勾选可以使用另一种字体。
- 【字体】：单击以打开【选择字体】对话框，根据需要可以设置字体样式和大小。

2．绘制草图文字的操作方法

（1）新建零件文件，用鼠标右键单击前视基准面，单击 【草图绘制】按钮进入草图绘制状态。

（2）在图形区域中首先绘制一条直线。

（3）利用【工具】|【草图绘制实体】|【文字】菜单命令，或者单击【草图】工具栏中的 【文字】按钮，弹出【草图文字】属性管理器。在【草图文字】属性管理器的【文字】文本框中输入要添加的文字。此时，添加的文字会出现在图形区域的曲线上。

（4）单击【草图文字】属性管理器中的 【确定】按钮，完成草图文字的绘制。

2.3　草图编辑

　　草图绘制完毕后，需要对草图进行进一步编辑以符合设计的需要。本节介绍常用的草图编辑工具，如绘制圆角、绘制倒角、剪裁草图实体、镜像草图实体、线性阵列草图实体、圆周阵列草图实体、等距实体、转换实体引用。

2.3.1　绘制圆角

　　选择【工具】|【草图工具】|【圆角】菜单命令，或者单击【草图】工具栏中的 【绘制圆角】按钮，弹出图 2-20 所示的属性管理器。

1. 圆角的属性设置

- ：指定绘制圆角的半径。
- 【保持拐角处约束条件】：如果顶点具有尺寸或几何关系，勾选该复选框，将保留虚拟交点。
- 【标注每个圆角的尺寸】：将尺寸添加到每个圆角。

2. 绘制圆角的操作方法

（1）新建一个零件文件，用鼠标右键单击前视基准面，单击【草图绘制】按钮进入草图绘制状态。首先绘制一个五边形，如图 2-21 所示。然后选择【工具】|【草图工具】|【圆角】菜单命令，或者单击【草图】工具栏中的【绘制圆角】按钮，弹出属性管理器。

（2）在【绘制圆角】属性管理器中，设置圆角的半径为 20。

（3）单击鼠标左键选择五边形的各个端点。

（4）单击【绘制圆角】属性管理器中的【确定】按钮，完成圆角的绘制，效果如图 2-22 所示。

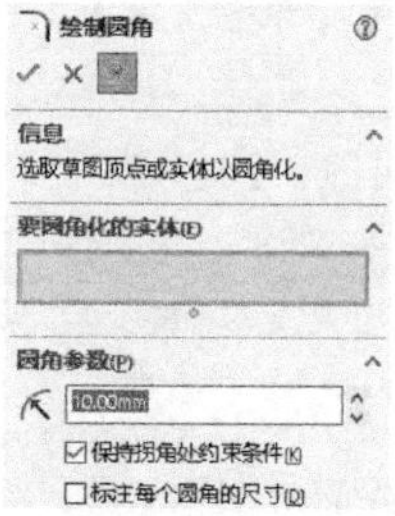

图 2-20 【绘制圆角】属性管理器

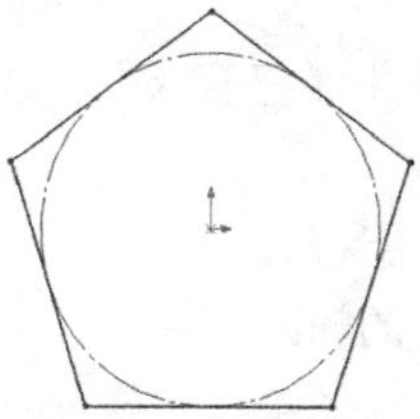

图 2-21 绘制一个五边形

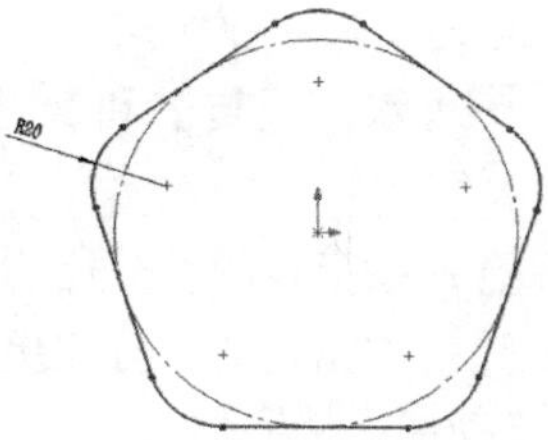

图 2-22 绘制后的草图

2.3.2 绘制倒角

【绘制倒角】命令是将倒角应用到相邻的草图实体中，此工具在 2D 和 3D 草图中均可使用。选择【工具】|【草图工具】|【倒角】菜单命令，或者单击【草图】工具栏中的【绘制倒角】按钮，弹出图 2-23 所示的属性管理器。

1. 倒角的属性设置

- 【角度距离】：以"角度距离"方式设置绘制的倒角。
- 【距离 - 距离】：以"距离 - 距离"方式设置绘制的倒角。
- 【相等距离】：将设置的的值应用到两个草图实体中。
- ：设置第一个所选草图实体的距离。

2. 绘制倒角的操作方法

（1）新建一个零件文件，用鼠标右键单击前视基准面，单击【草图绘制】按钮进入草图绘制状态。首先绘制一个多边形，如图 2-24 所示。然后选择【工具】|【草图工具】|【倒角】菜单命令，或者单击【草图】工具栏中的【绘制倒角】按钮，此时弹出【绘制倒角】属性管理器。

（2）本小节采用系统默认的"距离 - 距离"方式设置绘制的倒角，在设置框中输入数值【20】。

（3）单击选择图 2-24 中右上角的两条边线。

（4）单击【绘制倒角】属性管理器中的【确定】按钮，完成倒角的绘制，效果如图 2-25 所示。

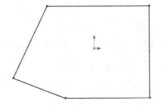

图 2-23　【绘制倒角】属性管理器　　图 2-24　绘制一个多边形　　图 2-25　绘制倒角后的图形

2.3.3　剪裁草图实体

【剪裁草图实体】命令是比较常用的草图编辑命令，剪裁类型可以为 2D 草图及在 3D 基准面上的 2D 草图。选择【工具】|【草图工具】|【剪裁】菜单命令，或者单击【草图】工具栏中的 🔀【剪裁实体】按钮，弹出图 2-26 所示的属性管理器。

1．剪裁的属性设置

- ⊙ ⊩【强劲剪裁】：通过将光标拖过每个草图实体来剪裁多个相邻的草图实体。
- ⊙ ⊦【边角】：剪裁两个草图实体，直到它们在虚拟边角处相交。
- ⊙ ⊧【在内剪除】：选择两个边界实体，剪裁位于两个边界实体内的草图实体。
- ⊙ ⊧【在外剪除】：选择两个边界实体，剪裁位于两个边界实体外的草图实体。
- ⊙ ⊦【剪裁到最近端】：将草图实体剪裁到最近交叉实体端。

2．剪裁草图实体的操作方法

（1）新建一个零件文件，用鼠标右键单击前视基准面，单击 ▭【草图绘制】按钮进入草图绘制状态。首先用直线命令绘制一个图形，如图 2-27 所示。然后选择【工具】|【草图工具】|【剪裁】菜单命令，或者单击【草图】工具栏中的 🔀【剪裁实体】按钮，此时光标变为 ⬚【剪裁草图实体】光标，弹出属性管理器。

（2）设置剪裁模式，在【选项】组中，选择 ⊦【剪裁到最近端】模式。

（3）单击选择图 2-27 中矩形外侧的直线段，被选中的线段将被剪裁掉。

（4）单击【剪裁】属性管理器中的 ✓【确定】按钮，完成草图实体的剪裁，如图 2-28 所示。

图 2-26　【剪裁】属性管理器

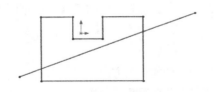

图 2-27　绘制图形

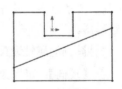

图 2-28　剪裁后的图形

2.3.4　镜像草图实体

【镜向】（应为镜像，软件翻译导致）适用于绘制对称的图形，镜像的对象为 2D 草图或在 3D 草图基准面上所生成的 2D 草图。选择【工具】|【草图工具】|【镜向】菜单命令，或者单击【草图】工具栏中的 ⊮⊧【镜向实体】按钮，弹出图 2-29 所示的属性管理器。

1. 镜像的属性设置

- 【要镜向的实体】：选择要镜像的草图实体，所选择的实体将出现在 ⊮⊧【要镜向的实体】选择框中。
- 【复制】：勾选该复选框可以保留原始草图实体，并镜像草图实体。
- 【镜向轴】：选择边线或直线作为镜像轴，所选择的对象将出现在 ⊯【镜向轴】选择框中。

2. 镜像草图实体的操作方法

（1）新建一个零件文件，用鼠标右键单击前视基准面，单击 ⎁【草图绘制】按钮进入草图绘制状态。利用多边形工具和直线工具绘制图形，如图 2-30 所示。选择【工具】|【草图工具】|【镜向】菜单命令，或者单击【草图】工具栏中的 ⊮⊧【镜向实体】按钮，此时光标变为 ⅍【镜向草图实体】光标，弹出属性管理器。

（2）单击属性管理器中【要镜向的实体】下面的选择框，使其变为粉红色，然后在图形区域中框选图中的五边形，作为要镜像的原始草图。

（3）单击属性管理器中【镜向轴】下面的选择框，使其变为粉红色，然后在图形区域中选取图中的竖直直线，作为镜像轴。

（4）单击【镜向】属性管理器中的 ✔【确定】按钮，完成草图实体的镜像，效果如图 2-31 所示。

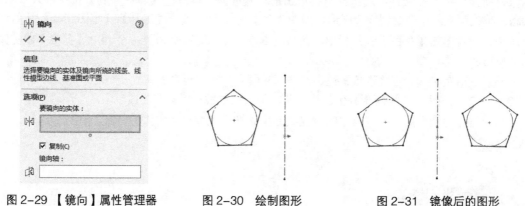

图 2-29　【镜向】属性管理器　　　　图 2-30　绘制图形　　　　图 2-31　镜像后的图形

2.3.5　线性阵列草图实体

线性阵列就是将草图实体沿一个或者两个轴复制生成多个排列图形。选择【工具】|【草图工具】|【线性阵列】菜单命令，或者单击【草图】工具栏中的 ⊞⊞【线性草图阵列】按钮，弹出图 2-32 所示的属性管理器。

1. 线性阵列的属性设置

- ↗【反向】：可以改变线性阵列的排列方向。
- ⟐【间距】：线性阵列 X 轴、Y 轴相邻两个特征参数之间的距离。

- ● 【标注 X 间距】：形成线性阵列后，在草图上自动标注特征尺寸。
- ● ▦▦【数量】：经过线性阵列后，草图最后形成的总个数。
- ● ▨【角度】：线性阵列的方向与 X 轴、Y 轴之间的夹角。

2. 线性阵列草图实体的操作方法

（1）打开【配套数字资源 \ 第 2 章 \ 基本功能 \2.3.5】的实例素材文件，用鼠标右键单击前视基准面，单击□【草图绘制】按钮进入草图绘制状态。选择【工具】|【草图工具】|【线性阵列】菜单命令，或者单击【草图】工具栏中的▦▦【线性草图阵列】按钮，弹出【线性阵列】属性管理器。

（2）在【线性阵列】属性管理器的【要阵列的实体】选择框中选取图 2-33 所示的草图，其他设置如图 2-34 所示。

（3）单击【线性阵列】属性管理器中的✓【确定】按钮，效果如图 2-35 所示。

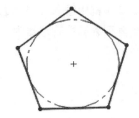

图 2-32　【线性阵列】属性管理器（1）　　图 2-33　线性阵列草图实体前的图形

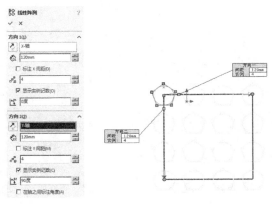

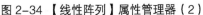

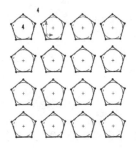

图 2-34　【线性阵列】属性管理器（2）　　图 2-35　线性阵列草图实体后的图形

2.3.6　圆周阵列草图实体

圆周阵列就是将草图实体沿一个指定大小的圆弧进行环状阵列。选择【工具】|【草图工具】|【圆周阵列】菜单命令，或者单击【草图】工具栏中的▦▦【圆周草图阵列】按钮，弹出图 2-36 所示的

属性管理器。

1. 圆周阵列的属性设置

- 【反向旋转】：草图圆周阵列围绕原点旋转的方向。
- 【中心 X】：草图圆周阵列旋转中心的横坐标。
- 【中心 Y】：草图圆周阵列旋转中心的纵坐标。
- 【间距】：设定阵列中的总角度。
- 【数量】：经过圆周阵列后，草图最后形成的总个数。
- 【半径】：圆周阵列的旋转半径。
- 【圆弧角度】：圆周阵列旋转中心与要阵列的草图中心之间的夹角。

2. 圆周阵列草图实体的操作方法

（1）打开【配套数字资源 \ 第 2 章 \ 基本功能 \2.3.6】的实例素材文件，用鼠标右键单击前视基准面，单击【草图绘制】按钮进入草图绘制状态。选择【工具】|【草图工具】|【圆周阵列】菜单命令，或者单击【草图】工具栏中的【圆周草图阵列】按钮，弹出【圆周阵列】属性管理器。

（2）在【圆周阵列】属性管理器的【要阵列的实体】选择框中选取图 2-37 所示圆弧外的外齿轮草图，在【参数】选项组的【中心 X】【中心 Y】中输入原点的坐标值，在【数量】文本框中输入【6】，在【间距】文本框中输入【360 度】。

（3）单击【圆周阵列】属性管理器中的【确定】按钮，效果如图 2-38 所示。

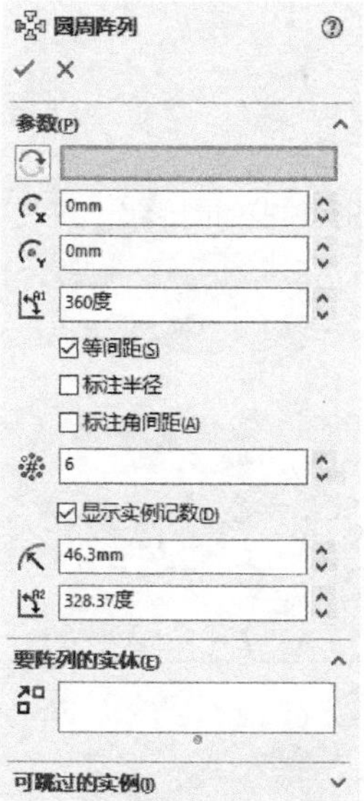

图 2-36 【圆周阵列】属性管理器

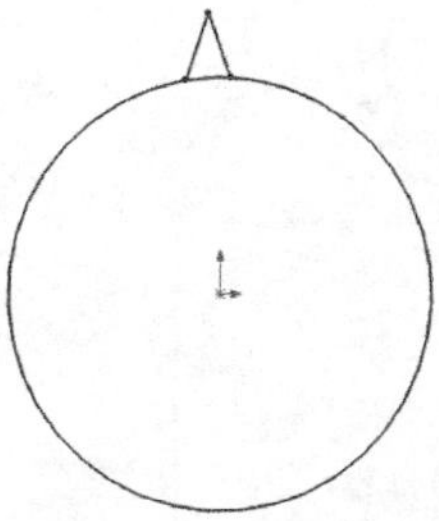

图 2-37 圆周阵列前的图形

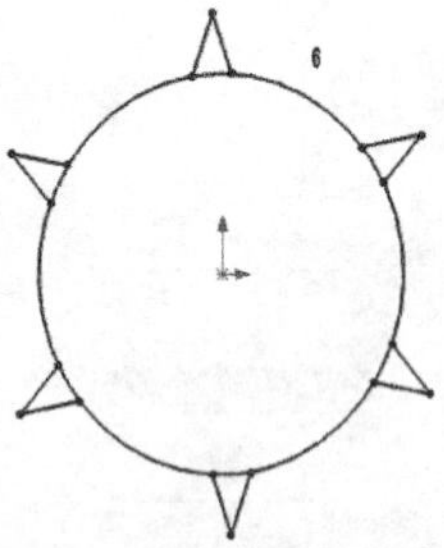

图 2-38 圆周阵列后的图形

2.3.7 等距实体

等距实体是按指定的距离等距一个或者多个草图实体、所选模型边线或模型面，例如样条曲线或圆弧，模型边线组、环之类的草图实体。选择【工具】|【草图工具】|【等距实体】菜单命令，或者单击【草图】工具栏中的【等距实体】按钮，弹出图 2-39 所示的属性管理器。

1. 等距实体的属性设置

- 🔧：设定数值以特定距离来等距草图实体。
- 【添加尺寸】：为等距的草图添加距离的尺寸标注。
- 【反向】：勾选可以更改单向等距实体的方向。
- 【选择链】：生成所有连续草图实体的等距。
- 【双向】：在图形区域中双向生成等距实体。
- 【顶端加盖】：在草图实体的顶端添加一个顶盖来封闭原有的草图实体。

2. 等距实体的操作方法

（1）打开【配套数字资源＼第 2 章＼基本功能＼2.3.7】的实例素材文件，用鼠标右键单击前视基准面，单击 🖊【草图绘制】按钮进入草图绘制状态。选择【工具】|【草图工具】|【等距实体】菜单命令，或者单击【草图】工具栏中的 🖊【等距实体】按钮，弹出属性管理器。

（2）在图形区域中选择图 2-40 所示的草图，在 🔧【等距距离】文本框中输入【20】，勾选【添加尺寸】和【选择链】复选框，其他按照默认设置。

（3）单击【等距实体】属性管理器中的 ✔【确定】按钮，完成等距实体的绘制，效果如图 2-41所示。

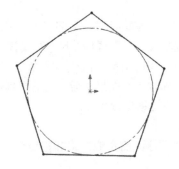

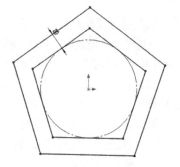

图 2-39　【等距实体】属性管理器　　图 2-40　等距实体前的图形　　　图 2-41　等距实体后的图形

2.3.8　转换实体引用

转换实体引用是指通过已有模型或者草图，将其边线、环、面、曲线、外部草图轮廓线、一组边线或一组草图曲线投影到草图基准面上，进而生成新的草图。使用该命令时，如果引用的实体发生更改，那么转换的草图实体也会相应地改变。

转换实体引用的操作方法。

（1）打开【配套数字资源＼第 2 章＼基本功能＼2.3.8】的实例素材文件，单击选择图 2-42 所示的基准面 1，然后单击【草图】工具栏中的 🖊【草图绘制】按钮，进入草图绘制状态。

（2）单击选择实体左侧的外边缘线。

（3）选择【工具】|【草图工具】|【转换实体引用】菜单命令，或者单击【草图】工具栏中的 🔲【转换实体引用】按钮，执行【转换实体引用】命令，效果如图 2-43 所示。

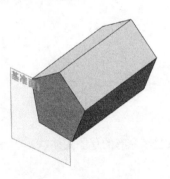

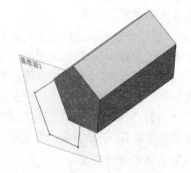

图 2-42　选择基准面 1　　　　　　　图 2-43　转换实体引用后的图形

2.4　尺寸标注

草图绘制完成后，需要标注草图的尺寸。

2.4.1　线性尺寸

（1）打开【配套数字资源 \ 第 2 章 \ 基本功能 \2.4.1】的实例素材文件，单击【尺寸 / 几何关系】工具栏中的 【智能尺寸】按钮，或者选择【工具】|【标注尺寸】|【智能尺寸】菜单命令，也可以在图形区域中用鼠标右键单击，然后在弹出的菜单中选择【智能尺寸】命令。默认尺寸类型为平行尺寸。

（2）定位智能尺寸项目。移动光标时，智能尺寸会自动捕捉到最近的方位。如果预览时显示出想要的位置及类型时，可以单击鼠标右键锁定该尺寸。

智能尺寸项目有下列几种。

- 直线或者边线的长度：选择要标注的直线，将其拖曳到标注的位置。
- 直线之间的距离：选择两条平行直线，或者一条直线与一条平行的模型边线。
- 点到直线的垂直距离：选择一个点、一条直线或者模型上的一条边线。
- 点到点的距离：选择两个点，然后为每个尺寸选择不同的位置，生成图 2-44 所示的距离尺寸。

（3）单击确定尺寸数值所要放置的位置。

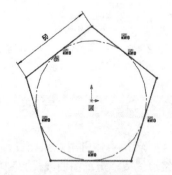

图 2-44　生成点到点的距离尺寸

2.4.2　角度尺寸

如果要生成两条直线之间的角度尺寸，可以先选择两条草图直线，然后为每个尺寸选择不同的位置；如果要在两条直线或者在一条直线与一条模型边线之间放置角度尺寸，可以先选择两个草图实体，然后在其周围拖曳光标，显示智能尺寸的预览。由于光标位置的改变，要标注的角度尺寸数值也会随之改变。

（1）打开【配套数字资源 \ 第 2 章 \ 基本功能 \2.4.2】的实例素材文件，单击【尺寸 / 几何关系】工具栏中的 【智能尺寸】按钮。

（2）单击其中一条直线。

（3）单击另一条直线或者模型边线。

（4）拖曳鼠标显示角度尺寸的预览。

（5）单击确定所需尺寸数值的位置，生成图 2-45 所示的角度尺寸。

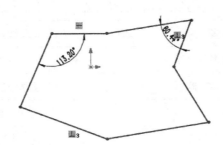

图 2-45　生成的角度尺寸

2.4.3　圆形尺寸

可以在任意角度位置处放置圆形尺寸，尺寸数值显示为直径尺寸。若将尺寸数值竖直或者水平放置，尺寸数值会显示为线性尺寸。

（1）打开【配套数字资源 \ 第 2 章 \ 基本功能 \2.4.3】的实例素材文件，单击【尺寸 / 几何关系】工具栏中的 ✎【智能尺寸】按钮。

（2）选择圆形。

（3）拖曳鼠标显示圆形尺寸的预览。

（4）单击确定所需尺寸数值的位置，生成图 2-46 所示的圆形尺寸。

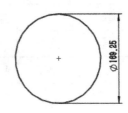

图 2-46　生成圆形尺寸

2.4.4　修改尺寸

如果要修改尺寸，可以双击草图的尺寸，在弹出的属性管理器中进行设置，如图 2-47 所示，然后单击 ✓【保存当前的数值并退出此属性管理器】按钮完成操作。

图 2-47　【修改】属性管理器

2.5　几何关系

绘制草图时使用几何关系可以更容易地控制草图形状，表达设计意图，充分体现人机交互的便利。几何关系与捕捉是相辅相成的，捕捉到的特征就是具有某种几何关系的特征。表 2-1 详细说明了各种几何关系、要选择的草图实体及使用后的效果。

表 2-1　几何关系选项与效果

图标	几何关系	要选择的草图实体	使用后的效果
─	水平	一条或者多条直线，两个或者多个点	使直线水平，使点水平对齐
│	竖直	一条或者多条直线，两个或者多个点	使直线竖直，使点竖直对齐
╱	共线	两条或者多条直线	使草图实体位于同一条无限长的直线上
○	全等	两段或者多段圆弧	使草图实体位于同一个圆弧上
⊥	垂直	两条直线	使草图实体相互垂直
╲	平行	两条或者多条直线	使草图实体相互平行
♂	相切	直线和圆弧、椭圆弧或者其他曲线，曲面和直线，曲面和平面	使草图实体保持相切
◎	同心	两段或者多段圆弧	使草图实体共用一个圆心
╲	中点	一条直线或者一段圆弧和一个点	使点位于直线或者圆弧的中心
✕	交叉点	两条直线和一个点	使点位于两条直线的交叉点处
↗	重合	一条直线、一段圆弧或者其他曲线和一个点	使点位于直线、圆弧或者曲线上
=	相等	两条或者多条直线，两段或者多段圆弧	使草图实体的所有尺寸参数保持相等
⌀	对称	两个点、两条直线、两个圆、两个椭圆，或者其他曲线和一条中心线	使草图实体保持相对于中心线对称
✍	固定	任何草图实体	使草图实体的尺寸和位置保持固定，不可更改
👆	穿透	一个基准轴，一条边线、直线或者样条曲线和一个草图点	使草图点与基准轴、边线、直线或者曲线在草图基准面上穿透的位置重合
✓	合并	两个草图点或者端点	使两个点合并为一个点

2.5.1　添加几何关系

添加几何关系是为已有的实体添加约束，此命令只能在草图处于绘制状态时使用。

生成草图实体后，单击【尺寸 / 几何关系】工具栏中的 ⊥ 【添加几何关系】按钮，或者选择【工具】|【几何关系】|【添加】菜单命令，弹出【添加几何关系】属性管理器，可以在草图实体之间，或者在草图实体与基准面、轴、边线、顶点之间生成几何关系，如图 2-48 所示。

生成几何关系时，其中至少有一个项目是草图实体，其他项目可以是草图实体或者边线、面、顶点、原点、基准面、轴，也可以是其他草图的曲线投影到草图基准面上所形成的直线或者圆弧。

图 2-48　【添加几何关系】属性管理器

2.5.2　显示 / 删除几何关系

显示 / 删除几何关系用来显示已经应用到草图实体中的几何关系，或者删除不再需要的几何关系。

单击【尺寸 / 几何关系】工具栏中的⊥。【显示 / 删除几何关系】按钮，可以显示手动或者自动应用到草图实体的几何关系，并可以删除不再需要的几何关系，还可以通过替换列出的参考引用修正错误的草图实体。

2.6　草图绘制范例

下面利用 1 个具体范例来讲解草图绘制的方法，最终效果如图 2-49 所示。

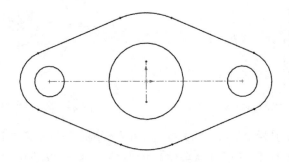

图 2-49　草图实例

2.6.1　进入草图绘制状态

（1）启动中文版 SolidWorks 软件，单击【文件】工具栏中的 □【新建】按钮，弹出【新建 SOLIDWORKS 文件】对话框，单击【零件】按钮，再单击【确定】按钮，生成新文件。

（2）单击【草图】工具栏中的 □【草图绘制】按钮，进入草图绘制状态。在【特征管理器设计树】中单击【前视基准面】按钮，使前视基准面成为草图绘制平面。

2.6.2　绘制草图

（1）单击【草图】工具栏中的 ⊙【圆】按钮，在所选前视基准面上选中坐标原点，单击生成圆心，然后向外拖曳鼠标画圆；单击鼠标右键，再单击【选择】按钮，使圆的命令完成，效果如图 2-50 所示。

（2）单击【草图】工具栏中 ╱·【直线】后的下拉按钮，选择 ╱【中心线】命令。过圆心绘制两条中心线，如图 2-51 所示。

（3）单击【草图】工具栏中的 ⊙【圆】按钮，在坐标原点处绘制一个前一个圆的同心圆，如图 2-52 所示。

（4）在中心线的左端点处绘制两个同心圆。单击【草图】工具栏中的 ⊙【圆】按钮，生成第一个在左侧端点处的圆，如图 2-53 所示。

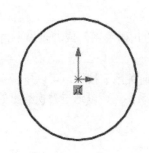

图 2-50　绘制圆形草图

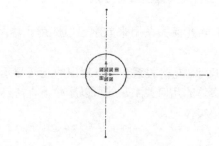

图 2-51　绘制草图中心线

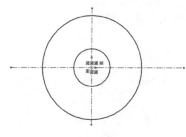

图 2-52　绘制同心圆

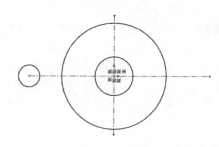

图 2-53　绘制左侧第一个圆

（5）单击【草图】工具栏中的⊙【圆】按钮，在左侧端点处绘制第二个圆，使其与第一个圆的圆心重合，然后单击鼠标右键，再单击【选择】按钮，完成该圆的绘制，如图 2-54 所示。

（6）单击【草图】工具栏中的带【镜向实体】按钮，弹出图 2-55 所示的属性管理器。选择【选项】组中的【要镜向的实体】，依次选中左侧的两个同心圆。再选择【选项】组中的镜像点，单击图形区域的竖直构造线，完成左侧两个圆的镜像。单击 ✔【确定】按钮，完成两个圆的镜像命令，如图 2-56 所示。

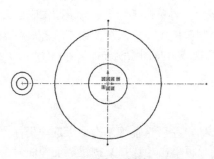

图 2-54　绘制左侧第二个圆

图 2-55　【镜向】属性管理器

（7）单击【尺寸 / 几何关系】工具栏中的✎【智能尺寸】按钮，标注几个圆的尺寸和距离。具体操作如下：单击【尺寸 / 几何关系】工具栏中的✎【智能尺寸】按钮，选中中心线上坐标原点处的小圆，输入直径【10】，再选中中心线上的大圆，输入直径【18】。然后选择左侧端点处的小圆，输入直径【4】，再选中另一个圆，输入直径【8】，接下来，再选中左侧的圆和右侧的圆，向下放置距离尺寸，输入距离【26】，当所选对象变成黑色时，表示该尺寸已被固定，尺寸已经标注好，如图 2-57 所示。

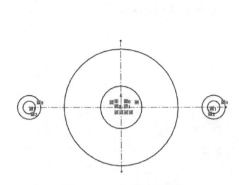

图 2-56　完成镜像命令

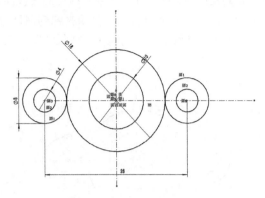

图 2-57　标注尺寸和距离

（8）单击 ✎【直线】按钮，在左侧的外圆处生成第一个端点，然后将光标移至中心的外圆处，生成第二个端点，完成该直线的绘制，并且注意该直线不要与圆有任何约束，如图 2-58 所示。

（9）选中第 8 步绘制的直线，按住 Ctrl 键，选中左侧的外圆，在【所选实体】中，能看到选择的两个对象，即圆弧和直线，如图 2-59 所示。单击【相切】按钮，再单击 ✔【确定】按钮。

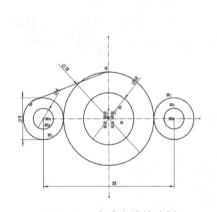

图 2-58　完成直线的绘制

图 2-59　【添加几何关系】属性管理器

（10）重复以上步骤，单击选中该直线，按住 Ctrl 键，再单击选中中心线上的外圆，选择添加几何关系，单击【相切】按钮，再单击 ✔【确定】按钮，效果如图 2-60 所示。

（11）单击【草图】工具栏中的 ⺀【镜向实体】按钮，弹出【镜向实体】属性管理器，在【要镜向的实体】选择框中选择绘制的直线，在【选项】组中的【镜向轴】中选择竖直的构造线，完成左侧直线在右侧的镜像。再移动光标到左侧任务栏下，单击 ✔【确定】按钮，完成左侧直线在右侧的镜像命令，效果如图 2-61 所示。

（12）再次重复以上步骤，单击【草图】工具栏中的 ⺀

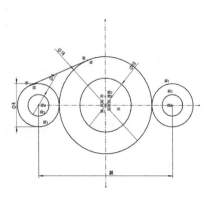

图 2-60　完成直线与两个圆的相切

【镜向实体】按钮，弹出【镜向实体】属性管理器，在【要镜向的实体】选择框选择左侧绘制的直线和右侧镜像的直线，在【选项】组中的【镜向轴】中选择水平的构造线，完成左侧和右侧直线在水平构造线另一侧的镜像。再移动光标到属性管理器中，单击 ✓【确定】按钮，完成左侧和右侧直线在水平构造线另一侧的镜像，效果如图 2-62 所示。

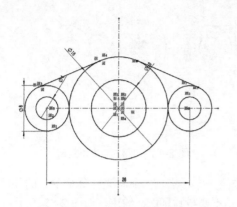

图 2-61 完成直线的镜像

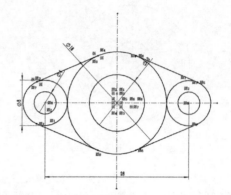

图 2-62 完成两条直线在另一侧的镜像

2.6.3 裁剪草图

单击【草图】工具栏中的【裁剪实体】按钮，将多余的圆弧裁剪。具体步骤如下：单击【草图】工具栏中的 ✂【裁剪实体】按钮，按住鼠标左键，然后选择要裁剪的线段，拖曳鼠标，即可裁剪掉需要裁剪的线段，最后单击 ✓【确定】按钮，完成裁剪命令。裁剪完成后的效果如图 2-63 所示。

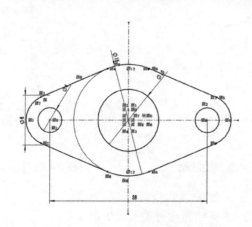

图 2-63 裁剪后的效果

第 3 章
实体建模

三维建模是 SolidWorks 软件的三大功能之一。三维建模分为两大类，第一类是需要草图才能创建的特征，第二类是在现有特征基础上进行编辑的特征。本章讲解基于草图的三维建模命令，包括拉伸凸台 / 基体特征、旋转凸台 / 基体特征、扫描特征、放样特征、筋特征和孔特征。

重点与难点

- 拉伸凸台 / 基体特征
- 旋转凸台 / 基体特征
- 扫描特征
- 放样特征
- 筋特征
- 孔特征

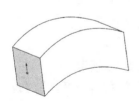

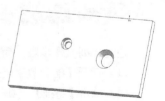

3.1 拉伸凸台 / 基体特征

拉伸凸台/基体特征是将二维草图沿着直线方向（常用的是二维草图的垂直方向）平移而形成的实体。

3.1.1 拉伸凸台 / 基体特征的属性设置

单击【特征】工具栏中的 【拉伸凸台 / 基体】按钮，或者选择【插入】|【凸台 / 基体】|【拉伸】菜单命令，弹出图 3-1 所示的属性管理器。

在【凸台 - 拉伸】属性管理器中常用到【方向】选项组，如果拉伸方向只有一个，则只需用到【方向 1】选项组，如果需要同时从一个基准面向两个方向拉伸，则也会用到【方向 2】选项组。

此处重点介绍【方向】选项组的用法。

（1）【终止条件】选项如图 3-2 所示。单击 【反向】按钮，可以沿预览中所示的相反方向拉伸特征。

图 3-1 【凸台 – 拉伸】属性管理器　　　　图 3-2 【终止条件】选项

- 【给定深度】：设置拉伸特征的深度。
- 【成形到一顶点】：拉伸到在图形区域中选择的顶点处。
- 【成形到一面】：拉伸到在图形区域中选择的一个面或者基准面处。
- 【到离指定面指定的距离】：拉伸到和选择的面具有一定距离处。
- 【成形到实体】：拉伸到在图形区域中选择的实体或者曲面实体处。
- 【两侧对称】：按照草图所在平面的两侧对称距离生成拉伸特征。

（2） 【拉伸方向】：在图形区域中选择方向向量，草图以此方向拉伸形成实体。

（3） 【深度】：二维草图沿拉伸方向平移的距离。

（4） 【拔模开 / 关】：单击此按钮，可以设置拔模的角度。

3.1.2 练习：生成拉伸凸台 / 基体特征

通过下列操作步骤，简单练习生成拉伸凸台 / 基体特征的方法。

（1）打开【配套数字资源 \ 第 3 章 \ 基本功能 \3.1.2】实例素材文件，如图 3-3 所示。

（2）单击【特征】工具栏中的 【拉伸凸台 / 基体】按钮，或者选择【插入】|【凸台 / 基体】|【拉

伸】菜单命令，弹出属性管理器，按图 3-4 所示的参数进行设置，单击 ✓【确定】按钮，生成图 3-5 所示的拉伸特征。

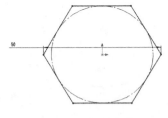

图 3-3　打开文件

图 3-4　设置参数

图 3-5　生成拉伸特征

3.2　旋转凸台 / 基体特征

旋转凸台 / 基体特征是将二维封闭草图绕某一轴线旋转而形成的实体。

3.2.1　旋转凸台 / 基体特征的属性设置

单击【特征】工具栏中的 ◎【旋转凸台 / 基体】按钮，或者选择【插入】|【凸台 / 基体】|【旋转】菜单命令，弹出图 3-6 所示的属性管理器。常用选项的介绍如下。

1.【旋转参数】选项组

✏【旋转轴】：指定草图所要旋转的轴线。

2.【方向】选项组

包括【方向 1】选项组和【方向 2】选项组，两者同样是从两个方向进行旋转。【方向】选项组的常用选项如下。

（1）【旋转类型】：从草图基准面中定义旋转方向，包括以下各项。

● 【给定深度】：从草图以单一方向生成旋转。

● 【成形到一顶点】：从草图基准面生成旋转到指定顶点。

● 【成形到一面】：从草图基准面生成旋转到指定曲面。

● 【到离指定面指定的距离】：从草图基准面生成旋转到指定曲面的指定等距。

图 3-6　【旋转】属性管理器

○ 【两侧对称】：从草图基准面以顺时针和逆时针方向旋转相同角度。

（2）🔄【角度】：设置旋转角度，角度以顺时针方向从所选草图开始测量。

3.2.2 练习：生成旋转凸台 / 基体特征

通过下列操作步骤，简单练习生成旋转凸台 / 基体特征的方法。

（1）打开【配套数字资源 \ 第 3 章 \ 基本功能 \3.2.2】的实例素材文件，如图 3-7 所示。

（2）单击【特征】工具栏中的 🔘【旋转凸台 / 基体】按钮，或者选择【插入】|【凸台 / 基体】|【旋转】菜单命令，弹出属性管理器，按图 3-8 所示的参数进行设置，单击 ✔【确定】按钮，结果如图 3-9 所示。

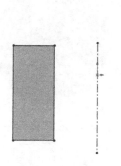

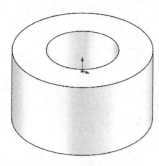

图 3-7　打开文件　　　　图 3-8　【旋转】属性管理器　　　　图 3-9　生成旋转特征

3.3　扫描特征

扫描特征是一种通过沿着一条路径移动轮廓以生成基体、凸台、切除或者曲面的特征。

3.3.1　扫描特征的属性设置

单击【特征】工具栏中的 🔩【扫描】按钮，或者选择【插入】|【凸台 / 基体】|【扫描】菜单命令，弹出图 3-10 所示的属性管理器。常用选项的介绍如下。

1. 【轮廓和路径】选项组

○ 🔵【轮廓】：用来生成扫描的草图轮廓。

○ 🔵【路径】：设置轮廓扫描的路径。

2. 【引导线】选项组

○ ✏【引导线】：在轮廓沿路径扫描时加以引导以生成特征。

○ ⬆【上移】、⬇【下移】：调整引导线的顺序。

○ 【合并平滑的面】：改进引导线扫描的性能，并在引导线或者路径不是曲率连续的所有点处分割扫描。

图 3-10　【扫描】属性管理器

3.3.2 练习：生成扫描特征

通过下列操作步骤，简单练习生成扫描特征的方法。

（1）打开【配套数字资源 \ 第 3 章 \ 基本功能 \3.3.2】的实例素材文件，选择【插入】|【凸台 / 基体】|【扫描】菜单命令，弹出属性管理器，按图 3-11 所示的参数进行设置。

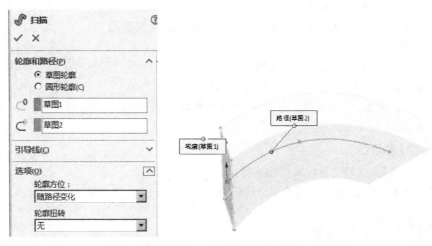

图 3-11　设置扫描特征

（2）在【选项】选项组中，设置【轮廓方位】为【随路径变化】，【轮廓扭转】为【无】，单击 ✓【确定】按钮，效果如图 3-12 所示。

（3）在【选项】选项组中，设置【轮廓方位】为【保持法线不变】，再单击 ✓【确定】按钮，效果如图 3-13 所示。

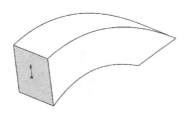

图 3-12　【随路径变化】扫描特征

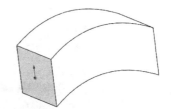

图 3-13　【保持法线不变】扫描特征

3.4　放样特征

放样特征是通过在轮廓间进行过渡以生成特征。放样的对象可以是基体、凸台、切除或者曲面，可以使用两个或者多个轮廓生成放样，但只有第一个或者最后一个对象的轮廓可以是点。

3.4.1 放样特征的属性设置

选择【插入】|【凸台 / 基体】|【放样】菜单命令，弹出图 3-14 所示的属性管理器。常用选项

的介绍如下。

1.【轮廓】选项组

- 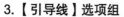 【轮廓】：用来生成放样的轮廓，可以选择要放样的草图轮廓、面或者边线。
- ⬆【上移】、⬇【下移】：调整轮廓的顺序。

2.【起始 / 结束约束】选项组

【开始约束】【结束约束】：应用约束以控制开始和结束轮廓的相切，包括如下选项。

- 【无】：不应用相切约束（即曲率为零）。
- 【方向向量】：根据所选的方向向量应用相切约束。
- 【垂直于轮廓】：应用在垂直于开始或者结束轮廓处的相切约束。

3.【引导线】选项组

- 【引导线】：选择引导线来控制放样。
- ⬆【上移】、⬇【下移】：调整引导线的顺序。

图 3-14 【放样】属性管理器

3.4.2 练习：生成放样特征

通过下列操作步骤，简单练习生成放样特征的方法。

（1）打开【配套数字资源 \ 第 3 章 \ 基本功能 \3.4.2】的实例素材文件。

（2）选择【插入】|【凸台 / 基体】|【放样】菜单命令，弹出属性管理器。在【轮廓】选项组中，单击【轮廓】选择框，在图形区域中选择两个草图，如图 3-15 所示，单击 ✔【确定】按钮，效果如图 3-16 所示。

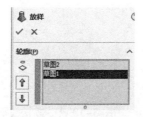

图 3-15 【轮廓】选项组

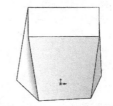

图 3-16 生成放样特征

3.5 筋特征

筋特征在轮廓与现有零件之间指定方向和厚度以进行延伸，可以使用单个或者多个草图生成筋特征，也可以使用拔模生成筋特征，或者选择要拔模的参考轮廓。

3.5.1 筋特征的属性设置

单击【特征】工具栏中的 【筋】按钮，或者选择【插入】|【特征】|【筋】菜单命令，弹出图 3-17

所示的属性管理器。常用选项的介绍如下。

（1）【厚度】：在草图边缘添加筋的厚度。

- ● ≡【第一边】：只延伸草图轮廓到草图的一边。
- ● ≣【两侧】：均匀延伸草图轮廓到草图的两边。
- ● ≡【第二边】：只延伸草图轮廓到草图的另一边。

（2）⟨ᐸ【筋厚度】：设置筋的厚度。

（3）【拉伸方向】：设置筋的拉伸方向。

- ● ◈【平行于草图】：平行于草图生成筋拉伸。
- ● ◈【垂直于草图】：垂直于草图生成筋拉伸。

（4）【反转材料方向】：更改拉伸的方向。

（5）▣【拔模开 / 关】：添加拔模特征到筋，可以设置拔模的角度。

图 3-17　【筋】属性管理器（1）

3.5.2　练习：生成筋特征

通过下列操作步骤，简单练习生成筋特征的方法。

（1）打开【配套数字资源 \ 第 3 章 \ 基本功能 \3.5.2】的实例素材文件，选择【插入】|【特征】|【筋】菜单命令，弹出属性管理器，按图 3-18 所示的参数进行设置，单击 ✓【确定】按钮，效果如图 3-19 所示。

图 3-18　【筋】属性管理器（2）

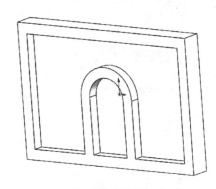

图 3-19　生成筋特征（1）

（2）在【参数】选项组中，按图 3-20 所示的参数进行设置，单击 ✓【确定】按钮，效果如图 3-21 所示。

图 3-20　【筋】属性管理器（3）

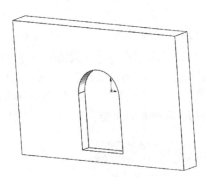

图 3-21　生成筋特征（2）

3.6 孔特征

孔特征是在模型上生成各种类型的孔。在平面上放置孔并设置深度,可以通过标注尺寸的方法定义它的位置。

3.6.1 孔特征的属性设置

1. 简单直孔

选择【插入】|【特征】|【孔】|【简单直孔】菜单命令,弹出图3-22所示的属性管理器。常用选项的介绍如下。

(1)【给定深度】:设置孔的深度。

(2) ↗【拉伸方向】:在除了垂直于草图轮廓以外的方向拉伸孔。

(3) ↕【深度】:设置孔的深度数值。

(4) ⊘【孔直径】:设置孔的直径。

2. 异型孔

单击【特征】工具栏中的 ⊛【异型孔向导】按钮,或者选择【插入】|【特征】|【孔】|【向导】菜单命令,弹出图3-23所示的属性管理器。常用选项的介绍如下。

图3-22 【孔】属性管理器

图3-23 【孔规格】属性管理器

(1)【孔规格】属性管理器包括两个选项卡。

● 【类型】:设置孔类型参数。

● 【位置】:在平面或者非平面上找出异型孔向导,使用尺寸工具定位孔中心。

(2)【孔类型】选项组会根据孔类型的不同而有所不同。孔类型包括 ▥【柱孔】、▥【锥孔】、▥【孔】、▥【螺纹孔】、▥【管螺纹孔】、▥【旧制孔】、▥【柱孔槽口】、▥【锥孔槽口】、▥【槽口】。

● 【标准】:选择孔的标准,如【ANSI Inch】或者【JIS】等。

● 【类型】:选择孔的类型。

3.6.2 练习:生成孔特征

通过下列操作步骤,简单练习生成孔特征的方法。

（1）打开【配套数字资源 \ 第 3 章 \ 基本功能 \3.6.2】的实例素材文件，选择【插入】|【特征】|【孔】|【简单直孔】菜单命令，弹出属性管理器，按图 3-24 所示的参数进行设置，单击 ✓【确定】按钮，效果如图 3-25 所示。

图 3-24　【孔】属性管理器

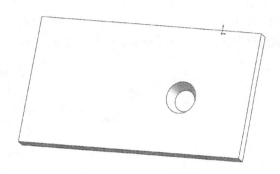

图 3-25　生成简单直孔特征

（2）选择【插入】|【特征】|【孔】|【向导】菜单命令，弹出属性管理器，按图 3-26 所示的参数进行设置，单击 ✓【确定】按钮，效果如图 3-27 所示。

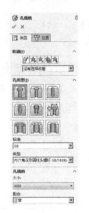

图 3-26　【孔规格】属性管理器

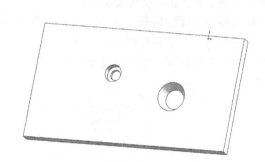

图 3-27　生成异型孔特征

3.7　螺丝刀建模范例

下面应用本章所讲解的知识完成螺丝刀的建模过程，最终效果如图 3-28 所示。

图 3-28　螺丝刀模型

3.7.1 生成把手部分

（1）用鼠标右键单击【特征管理器设计树】中的【上视基准面】按钮，单击快捷工具栏中的 🗔【草图绘制】按钮，进入草图绘制状态。使用【草图】工具栏中的 ⊙【多边形】、⟨【智能尺寸】工具，绘制图 3-29 所示的草图。单击 🗔【退出草图】按钮，退出草图绘制状态。

（2）单击【特征】工具栏中的 🗔【拉伸凸台 / 基体】按钮，弹出属性管理器，按图 3-30 所示的参数进行设置，单击 ✔【确定】按钮，生成拉伸特征。

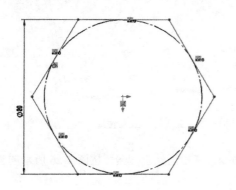

图 3-29　绘制草图并标注尺寸（1）

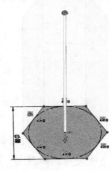

图 3-30　生成拉伸特征

（3）选择【插入】|【特征】|【拔模】菜单命令，打开属性管理器，按图 3-31 所示的参数进行设置，单击 ✔【确定】按钮，生成拔模特征。

（4）用鼠标右键单击【特征管理器设计树】中的【前视基准面】按钮，单击快捷工具栏中的 🗔【草图绘制】按钮，进入草图绘制状态。使用【草图】工具栏中的 ╱【直线】、⟨【智能尺寸】工具，绘制图 3-32 所示的草图。单击 🗔【退出草图】按钮，退出草图绘制状态。

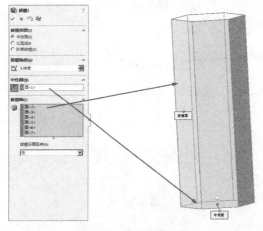

图 3-31　生成拔模特征

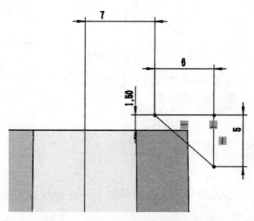

图 3-32　绘制草图并标注尺寸（2）

（5）选择【插入】|【参考几何体】|【基准轴】菜单命令，弹出属性管理器，按图 3-33 所示的参数进行设置，单击 ✔【确定】按钮，生成基准轴 1。

（6）单击【特征】工具栏中的 🗔【切除 - 旋转】按钮，弹出属性管理器，按图 3-34 所示的参数进行设置，单击 ✔【确定】按钮，生成切除旋转特征。

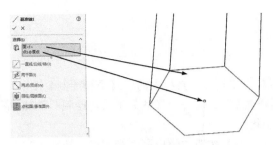

图 3-33　生成基准轴

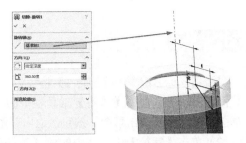

图 3-34　生成切除旋转特征

（7）单击【特征】工具栏中的【圆角】按钮，弹出属性管理器，按图 3-35 所示的参数进行设置，单击 【确定】按钮，生成圆角特征。

> **注意**　可以在【特征管理器设计树】上以拖曳放置的方式来改变特征的顺序。

（8）用鼠标右键单击【特征管理器设计树】中的【前视基准面】按钮，单击快捷工具栏中的 【草图绘制】按钮，进入草图绘制状态。使用【草图】工具栏中的 【直线】、【圆弧】、【智能尺寸】工具，绘制图 3-36 所示的草图。单击【退出草图】按钮，退出草图绘制状态。

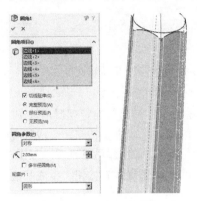

图 3-35　生成圆角特征

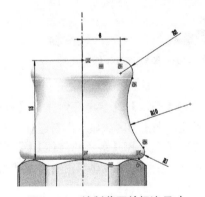

图 3-36　绘制草图并标注尺寸

（9）单击【特征】工具栏中的 【旋转凸台 / 基体】按钮，弹出属性管理器，按图 3-37 所示的参数进行设置，单击 【确定】按钮，生成旋转特征。

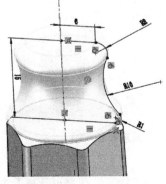

图 3-37　生成旋转特征

3.7.2 生成其余部分

（1）用鼠标右键单击【旋转 1】特征的上表面，单击快捷工具栏中的 □【草图绘制】按钮，进入草图绘制状态。使用【草图】工具栏中的 ⌒【圆弧】、◈【智能尺寸】工具，绘制图 3-38 所示的草图。单击 ◰【退出草图】按钮，退出草图绘制状态。

（2）单击【特征】工具栏中的 ◉【拉伸凸台 / 基体】按钮，弹出属性管理器，按图 3-39 所示的参数进行设置，单击 ✔【确定】按钮，生成拉伸特征。

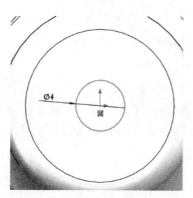

图 3-38　绘制草图并标注尺寸

图 3-39　生成拉伸特征

（3）选择【插入】|【参考几何体】|【基准面】菜单命令，弹出属性管理器，按图 3-40 所示的参数进行设置，在图形区域显示出新建基准面的预览，单击 ✔【确定】按钮，生成基准面 1。

（4）选择【插入】|【参考几何体】|【基准面】菜单命令，弹出属性管理器，按图 3-41 所示的参数进行设置，在图形区域显示出新建基准面的预览，单击 ✔【确定】按钮，生成基准面 2。

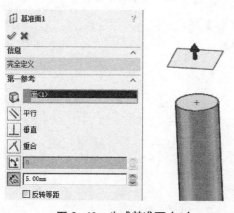

图 3-40　生成基准面（1）

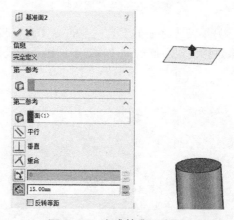

图 3-41　生成基准面（2）

（5）用鼠标右键单击【特征管理器设计树】中的【基准面 1】按钮，单击快捷工具栏中的 □

【草图绘制】按钮，进入草图绘制状态。使用【草图】工具栏中的 ∕【直线】、 ∕【智能尺寸】工具，绘制图 3-42 所示的草图。单击 ⬅【退出草图】按钮，退出草图绘制状态。

（6）用鼠标右键单击【特征管理器设计树】中的【基准面 2】按钮，单击快捷工具栏中的 ⬜【草图绘制】按钮，进入草图绘制状态。使用【草图】工具栏中的 ∕【直线】、 ∕【智能尺寸】工具，绘制图 3-43 所示的草图。单击 ⬅【退出草图】按钮，退出草图绘制状态。

（7）单击【草图】工具栏中的 ⬛【3D 草图】按钮，进入草图绘制状态。使用【草图】工具栏中的 ∕【直线】、 ∕【智能尺寸】工具，绘制图 3-44 所示的草图。单击 ⬅【退出草图】按钮，退出草图绘制状态。

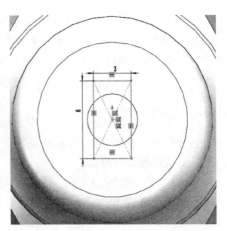

图 3-42　绘制草图并标注尺寸（1）

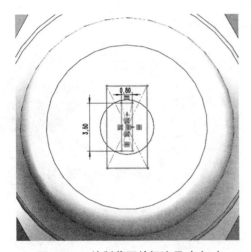

图 3-43　绘制草图并标注尺寸（2）

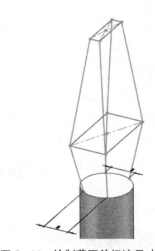

图 3-44　绘制草图并标注尺寸（3）

（8）选择【插入】|【凸台 / 基体】|【放样】菜单命令，弹出属性管理器，按图 3-45 所示的参数进行设置，生成放样特征。

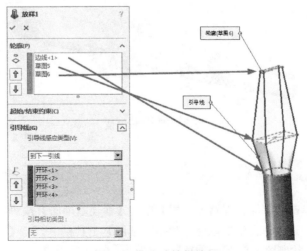

图 3-45　生成放样特征

（9）用鼠标右键单击【特征管理器设计树】中的【前视基准面】
按钮，单击快捷工具栏中的 【草图绘制】按钮，进入草图绘制
状态。使用【草图】工具栏中的 【直线】、 【智能尺寸】工具，
绘制图 3-46 所示的草图。单击 【退出草图】按钮，退出草图绘
制状态。

（10）单击【特征】工具栏中的 【切除 - 旋转】按钮，弹出
属性管理器，按图 3-47 所示的参数进行设置，单击 【确定】按
钮，生成切除旋转特征。

（11）单击模型的上表面，使其处于被选择状态。选择【插入】|【特
征】|【圆顶】菜单命令，弹出属性管理器，按图 3-48 所示的参数
进行设置，单击 【确定】按钮，生成圆顶特征。至此，螺丝刀模
型制作完成。

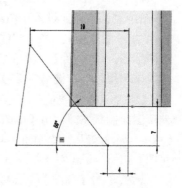

图 3-46　绘制草图并标注
尺寸（4）

图 3-47　生成切除旋转特征

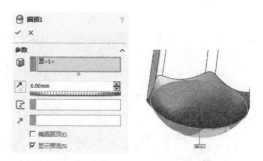

图 3-48　生成圆顶特征

3.8　蜗杆建模范例

下面应用本章所讲解的知识完成蜗杆的建模过程，最终效果如图 3-49 所示。

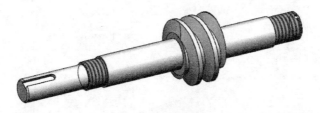

图 3-49　蜗杆模型

3.8.1　生成基础部分

（1）用鼠标右键单击【特征管理器设计树】中的【前视基准面】按钮，单击快捷工具栏中的
 【草图绘制】按钮，进入草图绘制状态。使用【草图】工具栏中的 【直线】、 【中心线】、
 【智能尺寸】工具，绘制图 3-50 所示的草图。单击 【退出草图】按钮，退出草图绘制状态。

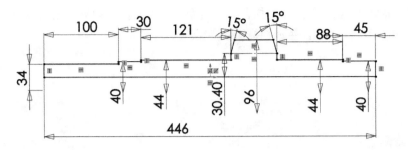

图 3-50　绘制草图并标注尺寸（1）

（2）单击【特征】工具栏中的 🍥【旋转凸台 / 基体】按钮，弹出属性管理器，按图 3-51 所示的参数进行设置，单击 ✔【确定】按钮，生成旋转特征。

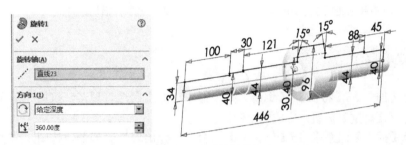

图 3-51　生成旋转特征

（3）用鼠标右键单击【特征管理器设计树】中的【前视基准面】按钮，单击快捷工具栏中的 🔲【草图绘制】按钮，进入草图绘制状态。使用【草图】工具栏中的 ⊙【圆】、📏【智能尺寸】工具，绘制图 3-52 所示的草图。单击 🔁【退出草图】按钮，退出草图绘制状态。

（4）选择【插入】|【曲线】|【螺旋线 / 涡状线】菜单命令，弹出属性管理器，按图 3-53 所示的参数进行设置。

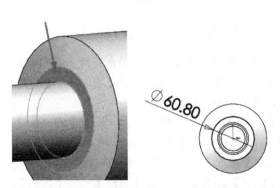

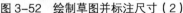

图 3-52　绘制草图并标注尺寸（2）

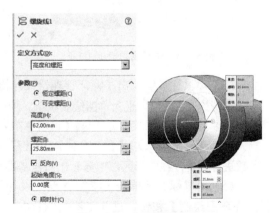

图 3-53　生成螺旋线

（5）用鼠标右键单击【特征管理器设计树】中的【上视基准面】按钮，单击快捷工具栏中的 🔲【草图绘制】按钮，进入草图绘制状态。使用【草图】工具栏中的 ✏【直线】、📏【中心线】、📐【智能尺寸】工具，绘制图 3-54 所示的草图。单击 🔁【退出草图】按钮，退出草图绘制状态。

(6) 选择【插入】|【切除】|【扫描】菜单命令，弹出属性管理器，按图 3-55 所示的参数进行设置，单击 ✅【确定】按钮，生成扫描切除特征。

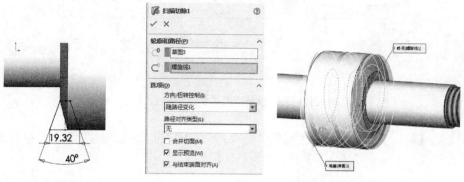

图 3-54　绘制草图并标注尺寸（3）　　　　　图 3-55　生成扫描切除特征

3.8.2　生成辅助部分

(1) 选择【插入】|【特征】|【倒角】菜单命令，弹出属性管理器，按图 3-56 所示的参数进行设置，单击 ✅【确定】按钮，生成倒角特征。

(2) 选择【插入】|【特征】|【倒角】菜单命令，弹出属性管理器，按图 3-57 所示的参数进行设置，单击 ✅【确定】按钮，生成倒角特征。

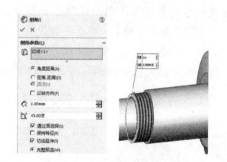 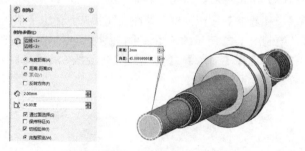

图 3-56　生成倒角特征（1）　　　　　图 3-57　生成倒角特征（2）

(3) 用鼠标右键单击【特征管理器设计树】中的【前视基准面】按钮，单击快捷工具栏中的 ⬜【草图绘制】按钮，进入草图绘制状态。使用【草图】工具栏中的 ▫【点】、✎【智能尺寸】工具，绘制图 3-58 所示的草图。单击 ⬅【退出草图】按钮，退出草图绘制状态。

(4) 选择【插入】|【参考几何体】|【基准面】菜单命令，弹出属性管理器，按图 3-59 所示的参数进行设置，在图形区域中显示出新建基准面的预览，单击 ✔【确定】按钮，生成基准面。

(5) 用鼠标右键单击【特征管理器设计树】中的【基准面 1】按钮，单击快捷工具栏中的 ⬜【草图绘制】按钮，进入草图绘制状态。使用【草图】工具栏中的 ╱【直线】、⌒【圆弧】、╱【中心线】、✎【智能尺寸】工具，绘制图 3-60 所示的草图。单击 ⬅【退出草图】按钮，退出草图绘制状态。

(6) 单击【特征】工具栏中的 ▣【切除 - 拉伸】按钮，弹出属性管理器，按图 3-61 所示的参数进行设置，单击 ✔【确定】按钮，生成拉伸切除特征。

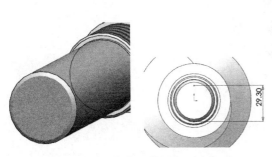

图 3-58 绘制草图并标注尺寸（1）

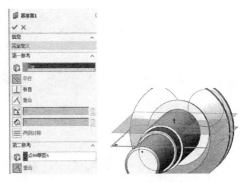

图 3-59 生成基准面（1）

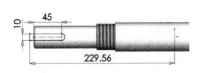

图 3-60 绘制草图并标注尺寸（2）

图 3-61 生成拉伸切除特征（1）

（7）单击使其成为草图绘制平面。用鼠标右键单击模型的端面，单击快捷工具栏中的 □【草图绘制】按钮，进入草图绘制状态。使用【草图】工具栏中的 ▣【点】、✎【智能尺寸】工具，绘制图 3-62 所示的草图。单击 ↩【退出草图】按钮，退出草图绘制状态。

（8）选择【插入】|【参考几何体】|【基准面】菜单命令，按图 3-63 所示的参数进行设置，在图形区域中显示出新建基准面的预览，单击 ✓【确定】按钮，生成基准面。

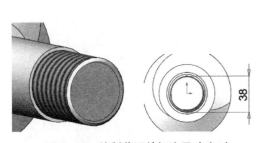

图 3-62 绘制草图并标注尺寸（3）

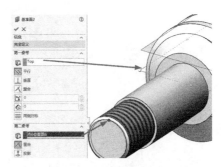

图 3-63 生成基准面（2）

（9）用鼠标右键单击【特征管理器设计树】中的【基准面 2】按钮，单击快捷工具栏中的 □【草图绘制】按钮，进入草图绘制状态。使用【草图】工具栏中的 ✐【直线】、⌒【圆弧】、✐【中心线】、✎【智能尺寸】工具，绘制图 3-64 所示的草图。单击 ↩【退出草图】按钮，退出草图绘制状态。

（10）单击【特征】工具栏中的 ▣【切除 - 拉伸】按钮，弹出属性管理器，按图 3-65 所示的参数进行设置，单击 ✓【确定】按钮，生成拉伸切除特征。至此，蜗杆模型制作完成。

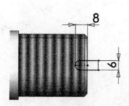

图 3-64 绘制草图并标注尺寸（4）

图 3-65 生成拉伸切除特征（2）

第4章
实体特征编辑

本章讲解的特征是 SolidWorks 三维建模的第二类特征，即在现有特征的基础上进行二次编辑的特征。这类特征都不需要草图，可以直接对实体进行编辑操作。本章包括的主要内容有圆角特征、倒角特征、抽壳特征、特征阵列、镜像特征和圆顶特征。

重点与难点

- 圆角特征与倒角特征
- 阵列特征与镜像特征
- 抽壳特征与圆顶特征

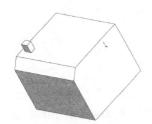
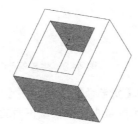

4.1 圆角特征

圆角特征是在零件上生成内圆角面或者外圆角面的一种特征。可以在一个面的所有边线上、所选的多组面上、所选的边线或者边线环上生成圆角。

4.1.1 圆角特征的属性设置

单击【特征】工具栏中的  【圆角】按钮，或者选择【插入】|【特征】|【圆角】菜单命令，弹出图 4-1 所示的属性管理器。常用选项的介绍如下。

1.【要圆角化的项目】选项组

- ○ 【边线、面、特征和环】：在图形区域选择要进行圆角处理的实体。
- ○ 【切线延伸】：将圆角延伸到与所选面相切的所有面。
- ○ 【完整预览】：显示所有边线的圆角预览。
- ○ 【部分预览】：只显示一条边线的圆角预览。
- ○ 【无预览】：可以缩短复杂模型的重建时间。

2.【圆角参数】选项组

- ○ 【半径】：设置圆角的半径。
- ○ 【多半径圆角】：以边线不同的半径值生成圆角。

图 4-1 【圆角】属性管理器

4.1.2 练习：生成圆角特征

通过下列操作步骤，简单练习生成圆角特征的方法。

（1）打开【配套数字资源\第 4 章\基本功能\4.1.2】的实例素材文件，选择【插入】|【特征】|【圆角】菜单命令，弹出属性管理器，按图 4-2 所示的参数进行设置，单击 ✔ 【确定】按钮，生成图 4-3 所示的等半径圆角特征。

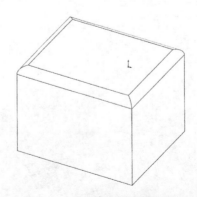

图 4-2　设置等半径圆角特征　　　　图 4-3　生成等半径圆角特征

（2）在【圆角类型】选项组中单击 【变半径】按钮，在【要圆角化的项目】选项组中单击 【边线、面、特征和环】选择框，在图形区域中选择模型正面的一条边线，按图 4-4 所示的参数进行设置，单击 ✓【确定】按钮，生成图 4-5 所示的变半径圆角特征。

图 4-4　设置变半径圆角特征

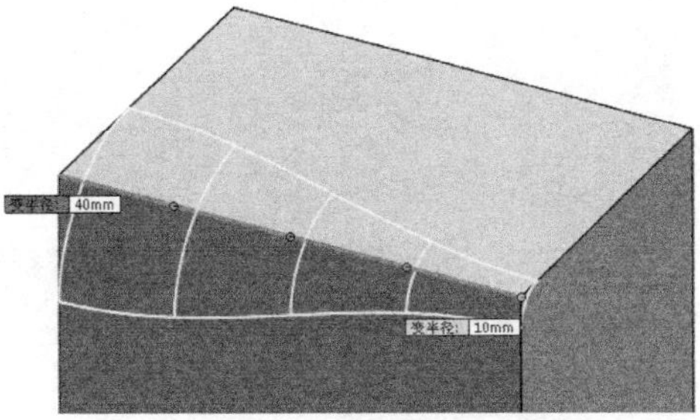

图 4-5　生成变半径圆角特征

4.2　倒角特征

倒角特征是在所选边线、面或者顶点上生成倾斜的特征。

4.2.1　倒角特征的属性设置

选择【插入】|【特征】|【倒角】菜单命令，弹出图 4-6 所示的属性管理器。常用选项的介绍如下。

- ○　✐【角度距离】：通过设置角度和距离来生成倒角。
- ○　✐【距离 - 距离】：通过设置两个面的距离来生成倒角。
- ○　▣【顶点】：通过设置顶点来生成倒角。
- ○　✐【等距面】：通过偏移选定边线旁边的面来求解等距面倒角。
- ○　✐【面 - 面】：创建对称、非对称、包络控制线和弦宽度倒角。

图 4-6　【倒角】属性管理器

4.2.2　练习：生成倒角特征

通过下列操作步骤，简单练习生成倒角特征的方法。

（1）打开【配套数字资源 \ 第 4 章 \ 基本功能 \4.2.2】的实例素材文件，选择【插入】|【特征】|【倒角】菜单命令，弹出属性管理器，按图 4-7 所示的参数进行设置，单击 ✓【确定】按钮，生成不保持特征的倒角特征。

（2）在【倒角选项】选项组中，选择【保持特征】复选框，如图 4-8 所示，单击 ✓【确定】按钮，生成保持特征的倒角特征。

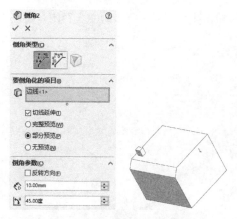

图 4-7　生成不保持特征的倒角特征

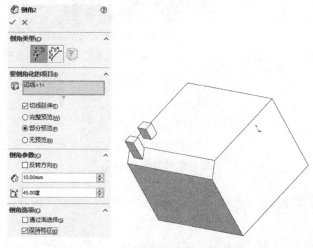

图 4-8　生成保持特征的倒角特征

4.3　抽壳特征

抽壳特征可以掏空零件，使所选择的面敞开，在其他面上生成薄壁特征。如果没有选择模型上的任何面，则掏空实体零件，生成闭合的抽壳特征。另外，也可以使用多个厚度以生成抽壳模型。

4.3.1　抽壳特征的属性设置

单击【特征】工具栏中的 ⑩【抽壳】按钮，或者选择【插入】|【特征】|【抽壳】菜单命令，弹出图 4-9 所示的属性管理器。常用选项的介绍如下。

- ● ⑥【厚度】：设置保留面的厚度。
- ● ⑩【移除的面】：在图形区域中可以选择一个或者多个面。
- ● 【壳厚朝外】：增加模型的外部尺寸。
- ● 【显示预览】：显示抽壳特征的预览。

图 4-9　【抽壳】属性管理器

4.3.2 练习：生成抽壳特征

通过下列操作步骤，简单练习生成抽壳特征的方法。

（1）打开【配套数字资源＼第 4 章＼基本功能＼4.3.2】的实例素材文件，选择【插入】|【特征】|【抽壳】菜单命令，弹出属性管理器。在图形区域中选择模型的上表面，按图 4-10 所示的参数进行设置，单击 ✔【确定】按钮，生成抽壳特征。

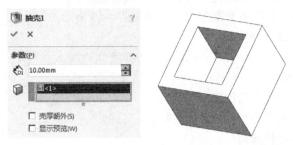

图 4-10　生成抽壳特征

（2）在【多厚度设定】选项组中单击 🔲【多厚度面】选择框，选择模型的前表面和右侧面，按图 4-11 所示的参数进行设置，单击 ✔【确定】按钮，生成多厚度抽壳特征。

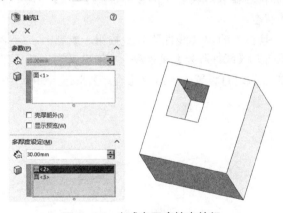

图 4-11　生成多厚度抽壳特征

4.4 特征阵列

特征阵列包括特征线性阵列、特征圆周阵列、表格驱动的阵列、草图驱动的阵列、曲线驱动的阵列和填充阵列等。选择【插入】|【阵列/镜向】菜单命令，弹出特征阵列的菜单，如图 4-12 所示。

图 4-12　特征阵列的菜单

4.4.1 特征线性阵列

特征线性阵列是指在一个或者几个方向上生成多个指定的源特征。

1. 特征线性阵列的属性设置

单击【特征】工具栏中的 【线性阵列】按钮，或者选择【插入】|【阵列 / 镜向】|【线性阵列】菜单命令，弹出图 4-13 所示的属性管理器。常用选项的介绍如下。

- 【阵列方向】：设置阵列方向，可以选择线性边线、直线、轴或者尺寸。
- 【间距】：设置阵列实例之间的间距。
- 【实例数】：设置阵列实例之间的数量。

2. 练习：生成特征线性阵列

通过下列操作步骤，简单练习生成特征线性阵列的方法。

（1）打开【配套数字资源 \ 第 4 章 \ 基本功能 \4.4.1】的实例素材文件，单击【特征管理器设计树】中的【凸台 - 拉伸 2】特征，使之处于被选择的状态。

（2）单击【特征】工具栏中的 【线性阵列】按钮，或者选择【插入】|【阵列 / 镜向】|【线性阵列】菜单命令，弹出属性管理器，按图 4-14 所示的参数进行设置，单击 【确定】按钮，生成特征线性阵列。

图 4-13 【线性阵列】属性管理器

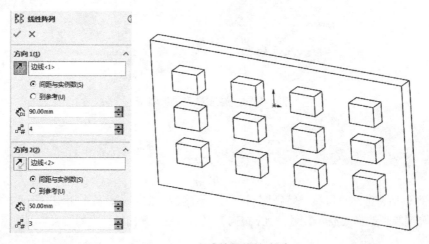

图 4-14 生成特征线性阵列

4.4.2 特征圆周阵列

特征圆周阵列是指将源特征围绕指定的轴线复制多个特征。

1. 特征圆周阵列的属性设置

单击【特征】工具栏中的 ❖【圆周阵列】按钮，选择【插入】|【阵列／镜向】|【圆周阵列】菜单命令，弹出图 4-15 所示的属性管理器。常用选项的介绍如下。

- ⊙ ◯【阵列轴】：在图形区域中选择轴、模型边线或者角度尺寸，作为生成圆周阵列所围绕的轴。
- ⊙ 【等间距】：自动设置总角度为 360°。
- ⊙ ⬚【角度】：设置每个实例之间的角度。
- ⊙ ❖【实例数】：设置源特征的实例数。

2. 练习：生成特征圆周阵列

通过下列操作步骤，简单练习生成特征圆周阵列的方法。

（1）打开【配套数字资源＼第 4 章＼基本功能＼4.4.2】的实例素材文件，单击【特征管理器设计树】中的【凸台 - 拉伸 2】特征，使之处于被选择的状态。

（2）单击【特征】工具栏中的 ❖【圆周阵列】按钮，或者选择【插入】|【阵列／镜向】|【圆周阵列】菜单命令，弹出属性管理器，按图 4-16 所示的参数进行设置，单击 ✔【确定】按钮，生成特征圆周阵列。

图 4-15　【阵列（圆周）】属性管理器

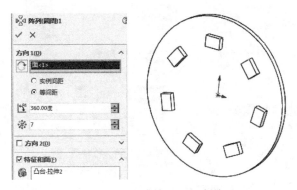

图 4-16　生成特征圆周阵列

4.4.3　表格驱动的阵列

表格驱动的阵列可以使用 X、Y 坐标来对指定的源特征进行阵列。使用 X、Y 坐标的孔阵列是表格驱动的阵列的常见应用，但也可以由表格驱动的阵列使用其他源特征（如凸台等）。

1. 表格驱动的阵列的属性设置

选择【插入】|【阵列／镜向】|【表格驱动的阵列】菜单命令，弹出图 4-17 所示的属性管理器。常用选项的介绍如下。

（1）【读取文件】：输入含 X、Y 坐标的阵列表或者文字文件。

（2）【参考点】：指定在放置阵列实例时 X、Y 坐标所适用的点。

- 【所选点】：将参考点设置到所选顶点或者草图点。
- 【重心】：将参考点设置到源特征的重心。

（3）【坐标系】：用来生成表格阵列的坐标系，包括原点、从【特征管理器设计树】中选择生成的坐标系。

（4）【要复制的实体】：根据多实体零件生成阵列。

（5）【要复制的特征】：根据特征生成阵列，可以选择多个特征。

（6）【要复制的面】：根据构成特征的面生成阵列，可以选择图形区域的所有面。

2. 练习：生成表格驱动的阵列

通过下列操作步骤，简单练习生成表格驱动的阵列的方法。

（1）打开【配套数字资源 \ 第 4 章 \ 基本功能 \4.4.3】的实例素材文件，单击【特征管理器设计树】中的【凸台 - 拉伸 2】特征，使之处于被选择的状态。

（2）选择【插入】|【阵列 / 镜向】|【由表格驱动的阵列】菜单命令，弹出属性管理器，按图 4-18 所示的参数进行设置，单击【确定】按钮，生成表格驱动的阵列。

图 4-17 【由表格驱动的阵列】属性管理器

图 4-18 生成表格驱动的阵列

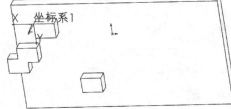

4.4.4 草图驱动的阵列

草图驱动的阵列是通过草图中的特征点复制源特征的一种阵列方式。

1. 草图驱动的阵列的属性设置

选择【插入】|【阵列 / 镜向】|【草图驱动的阵列】菜单命令，弹出图 4-19 所示的属性管理器。常用选项的介绍如下。

（1）【参考草图】：在【特征管理器设计树】中选择草图用作阵列。

（2）【参考点】：进行阵列时所需的位置点。

- ◎ 【重心】：根据源特征的类型决定重心。
- ◎ 【所选点】：在图形区域选择一个点作为参考点。

2. 练习：生成草图驱动的阵列

通过下列操作步骤，简单练习生成草图驱动的阵列的方法。

（1）打开【配套数字资源 \ 第 4 章 \ 基本功能 \4.4.4】的实例素材文件，单击【特征管理器设计树】中的【凸台 - 拉伸 2】特征，使之处于被选择的状态。

（2）选择【插入】|【阵列 / 镜向】|【由草图驱动的阵列】菜单命令，弹出属性管理器，按图 4-20 所示的参数进行设置，单击 ✓【确定】按钮，生成草图驱动的阵列。

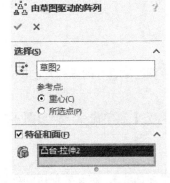

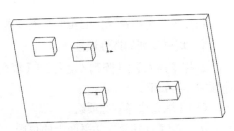

图 4-19　【由草图驱动的
　　阵列】属性管理器

图 4-20　生成草图驱动的阵列

4.4.5　曲线驱动的阵列

曲线驱动的阵列是通过草图中的平面或者 3D 曲线复制源特征的一种阵列方式。

1. 曲线驱动的阵列的属性设置

选择【插入】|【阵列 / 镜向】|【曲线驱动的阵列】菜单命令，弹出图 4-21 所示的属性管理器。常用选项的介绍如下。

- ◎ 〔➚〕【阵列方向】：选择曲线、边线、草图实体。
- ◎ 〔↖〕【实例数】：为阵列中源特征的实例数设置数值。
- ◎ 【等间距】：使每个阵列实例之间的距离相等。
- ◎ 〔↖〕【间距】：沿曲线为阵列实例之间的距离设置数值。

2. 练习：生成曲线驱动的阵列

通过下列操作步骤，简单练习生成曲线驱动的阵列的方法。

（1）打开【配套数字资源 \ 第 4 章 \ 基本功能 \4.4.5】的实例素材文件。单击【特征管理器设计树】中的【凸台 - 拉伸 2】特征，使之处于被选择的状态。

（2）选择【插入】|【阵列 / 镜向】|【曲线驱动的阵列】菜单命令，弹出属性管理器，按图 4-22 所示的参数进行设置，单击 ✓【确定】按钮，生成曲线驱动的阵列。

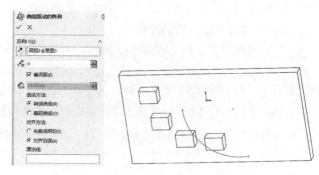

图 4-21 【曲线驱动的阵列】属性管理器 　　　　图 4-22 生成曲线驱动的阵列

4.4.6 填充阵列

填充阵列是指在限定的实体平面或者草图区域进行的阵列复制。

1. 填充阵列的属性设置

选择【插入】|【阵列 / 镜向】|【填充阵列】菜单命令，弹出图 4-23 所示的属性管理器。常用选项的介绍如下。

（1）【填充边界】选项组。

- 　【选择面或共平面上的草图、平面曲线】：定义要使用阵列填充的区域。

（2）【阵列布局】选项组。

- 　【穿孔】：为钣金穿孔式阵列生成网格。
- 　【实例间距】：设置实例中心之间的距离。
- 　【交错断续角度】：设置各实例行之间的交错断续角度。
- 　【边距】：设置填充边界与最远端实例之间的边距。
- 　【阵列方向】：设置参考方向。

2. 练习：生成填充阵列

通过下列操作步骤，简单练习生成填充阵列的方法。

（1）打开【配套数字资源 \ 第 4 章 \ 基本功能 \4.4.6】的实例素材文件。

（2）选择【插入】|【阵列 / 镜向】|【填充阵列】菜单命令，弹出属性管理器，按图 4-24 所示的参数进行设置，单击 ✔【确定】按钮，生成填充阵列。

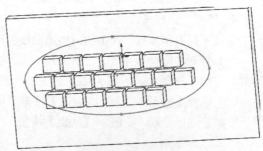

图 4-23 【填充阵列】属性管理器 　　　　图 4-24 生成填充阵列

4.5 镜像特征

镜像特征是指沿面或者基准面镜像以生成一个特征（或者多个特征）的复制操作。

4.5.1 镜像特征的属性设置

单击【特征】工具栏中的 【镜向】按钮，或者选择【插入】|【阵列 / 镜向】|【镜向】菜单命令，弹出图 4-25 所示的属性管理器。常用选项的介绍如下。

（1）【镜向面 / 基准面】选项组：在图形区域选择一个面或基准面作为镜像面。

（2）【要镜向的特征】选项组：单击模型中的一个或者多个特征。

（3）【要镜向的面】选项组：在图形区域单击要镜像的特征的面。

图 4-25 【镜向】属性管理器

4.5.2 练习：生成镜像特征

通过下列操作步骤，简单练习生成镜像特征的方法。

（1）打开【配套数字资源 \ 第 4 章 \ 基本功能 \4.5.2】的实例素材文件，单击【特征管理器设计树】中的【切除 - 拉伸 1】特征，使之处于被选择的状态。

（2）单击【特征】工具栏中的 【镜向】按钮，或者选择【插入】|【阵列 / 镜向】|【镜向】菜单命令，弹出属性管理器，按图 4-26 所示的参数进行设置，单击 ✓【确定】按钮，生成镜像特征。

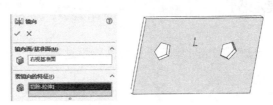

图 4-26　生成镜像特征

4.6 圆顶特征

圆顶特征可以在同一模型上同时生成一个或者多个圆顶。

4.6.1 圆顶特征的属性设置

选择【插入】|【特征】|【圆顶】菜单命令，弹出图 4-27 所示的属性管理器。常用选项的介绍如下。

- 🔲【到圆顶的面】：选择一个或者多个平面或者非平面。
- ↗【距离】：设置圆顶扩展的距离。
- 🔲【约束点或草图】：选择一个点或者草图，通过对其形状进行约束以控制圆顶。

图 4-27 【圆顶】属性管理器

- ↗【方向】：从图形区域选择方向向量，以垂直于面向外的方向拉伸圆顶。

4.6.2 练习：生成圆顶特征

通过下列操作步骤，简单练习生成圆顶特征的方法。

打开【配套数字资源 \ 第 4 章 \ 基本功能 \4.6.2】的实例素材文件，选择【插入】|【特征】|【圆顶】菜单命令，弹出属性管理器。在图形区域选择模型的上表面，按图 4-28 所示的参数进行设置，单击 ✓【确定】按钮，生成圆顶特征。

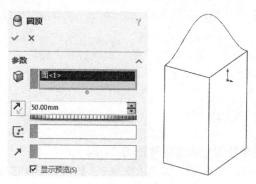

图 4-28　生成圆顶特征

4.7 针阀三维建模范例

下面应用本章所讲解的知识完成针阀三维模型的建模过程范例，最终效果如图 4-29 所示。

4.7.1 生成阀帽部分

（1）单击【特征管理器设计树】中的【前视基准面】按钮，使其成为草图绘制平面。单击【标准视图】工具栏中的 ↓【正视于】按钮，并单击【草图】工具栏中的 □【草图绘制】按钮，进入草图绘制状态。使用【草图】工具栏中的 ╱【直线】、╱【中心线】、◆【智能尺寸】工具，绘制图 4-30 所示的草图。单击 □【退出草图】按钮，退出草图绘制状态。

图 4-29　针阀三维模型

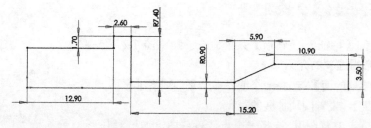

图 4-30　绘制草图并标注尺寸

（2）单击【特征】工具栏中的 🔄【旋转凸台 / 基体】按钮，弹出属性管理器。在属性管理器中，单击 ✏️【旋转轴】选择框，在图形区域中选择草图中的中轴线，单击 ✔️【确定】按钮，生成旋转特征，如图 4-31 所示。

（3）单击【特征管理器设计树】中的【前视基准面】按钮，使其成为草图绘制平面。单击【标准视图】工具栏中的 ⬇️【正视于】按钮，并单击【草图】工具栏中的 🗔【草图绘制】按钮，进入草图绘制状态。使用【草图】工具栏中的 ✏️【直线】、📏【中心线】、🔖【智能尺寸】工具，绘制图 4-32 所示的草图。单击 🔄【退出草图】按钮，退出草图绘制状态。

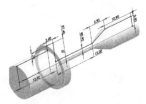

图 4-31　生成旋转特征

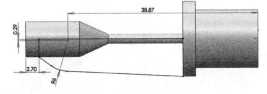

图 4-32　绘制草图并标注尺寸

（4）单击【特征】工具栏中的 🔶【拉伸凸台 / 基体】按钮，弹出属性管理器，按图 4-33 所示的参数进行设置，单击 ✔️【确定】按钮，生成拉伸特征。

（5）单击【特征】工具栏中的 🔷【圆角】按钮，弹出属性管理器。在图形区域中选择模型的两条边线，按图 4-34 所示的参数进行设置，单击 ✔️【确定】按钮，生成圆角特征。

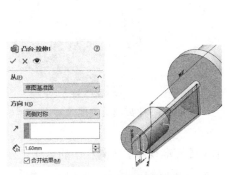

图 4-33　生成拉伸特征

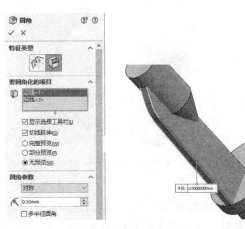

图 4-34　生成圆角特征

（6）单击【特征】工具栏中的 🔳【圆周阵列】按钮，弹出属性管理器，按图 4-35 所示的参数进行设置，单击 ✔️【确定】按钮，生成特征圆周阵列。

（7）单击【特征】工具栏中的 🔷【圆角】按钮，弹出属性管理器。在图形区域中选择模型的12 条边线，按图 4-36 所示的参数进行设置，单击 ✔️【确定】按钮，生成圆角特征。

（8）选择【插入】|【特征】|【拔模】菜单命令，弹出属性管理器，按图 4-37 所示的参数进行设置，单击 ✔️【确定】按钮，生成拔模特征。

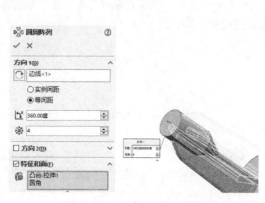

图 4-35　生成特征圆周阵列

图 4-36　生成圆角特征

　　（9）单击模型的上表面，使其处于被选择的状态。选择【插入】|【特征】|【圆顶】菜单命令，弹出属性管理器，按图 4-38 所示的参数进行设置，单击 ✓【确定】按钮，生成圆顶特征。

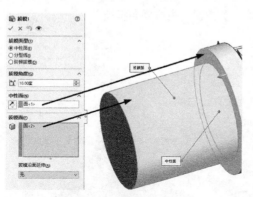

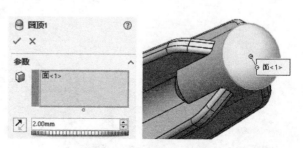

图 4-37　生成拔模特征

图 4-38　生成圆顶特征

　　（10）单击拔模面的底面，使其成为草图绘制平面。单击【标准视图】工具栏中的 ♨【正视于】按钮，并单击【草图】工具栏中的 ⌷【草图绘制】按钮，进入草图绘制状态。使用【草图】工具栏中的 ⊙【圆】、⿺【智能尺寸】工具，绘制图 4-39 所示的草图。单击 ▣【退出草图】按钮，退出草图绘制状态。

　　（11）单击【特征】工具栏中的 ▣【切除 - 拉伸】按钮，弹出属性管理器，按图 4-40 所示的参数进行设置，单击 ✓【确定】按钮，生成拉伸切除特征。

　　（12）单击【特征】工具栏中的 ▣【圆角】按钮，弹出属性管理器。在图形区域中选择模型的 4 条边线，按图 4-41 所示的参数进行设置，单击 ✓【确定】按钮，生成圆角特征。

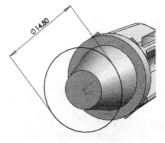

图 4-39　绘制草图并标注尺寸（1）

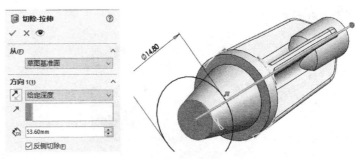

图 4-40　生成拉伸切除特征

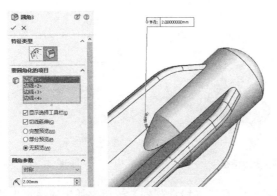

图 4-41　生成圆角特征

4.7.2　生成阀头部分

（1）单击拔模面的底面，使其成为草图绘制平面。单击【标准视图】工具栏中的 ↓【正视于】
按钮，并单击【草图】工具栏中的 □【草图绘制】按钮，进入草图绘制状态。使用【草图】工具
栏中的 ⊙【圆】、✐【智能尺寸】工具，绘制图 4-42 所示的草图。单击 □【退出草图】按钮，退
出草图绘制状态。

（2）单击【特征】工具栏中的 ⋒【拉伸凸台 / 基体】按钮，弹
出属性管理器，按图 4-43 所示的参数进行设置，单击 ✓【确定】按
钮，生成拉伸特征。

（3）单击【特征管理器设计树】中的【前视基准面】按钮，使
其成为草图绘制平面。单击【标准视图】工具栏中的 ↓【正视于】
按钮，并单击【草图】工具栏中的 □【草图绘制】按钮，进入草
图绘制状态。使用【草图】工具栏中的 ／【直线】、⌁【中心线】、
✐【智能尺寸】工具，绘制图 4-44 所示的草图。单击 □【退出草图】
按钮，退出草图绘制状态。

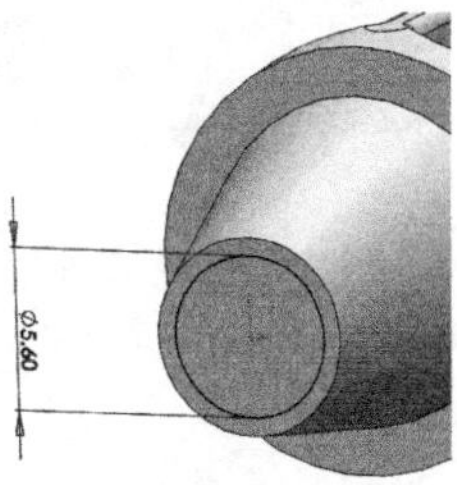

图 4-42　绘制草图并标注
尺寸（2）

（4）单击【特征】工具栏中的 ⋒【切除 - 旋转】按钮，弹出属性管理器，按图 4-45 所示的参
数进行设置，单击 ✓【确定】按钮，生成切除旋转特征。

（5）单击【参考几何体】工具栏中的 ⁄【基准轴】按钮，弹出属性管理器。在 ⋒【参考实体】
选择框中选择【面 <1>】，单击 ⬚【圆柱 / 圆锥面】按钮，再单击 ✓【确定】按钮，生成基准轴特征，如图 4-46 所示。

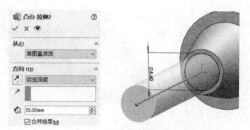

图 4-43　生成拉伸特征

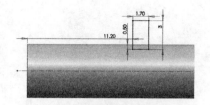

图 4-44　绘制草图并标注尺寸

图 4-45　生成切除旋转特征

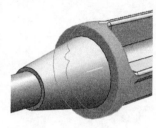

图 4-46　生成基准轴特征

（6）单击【特征】工具栏中的 ♣♣【线性阵列】按钮，弹出属性管理器，按图 4-47 所示的参数进行设置，单击 ✔【确定】按钮，生成线性阵列特征。至此，针阀模型制作完成。

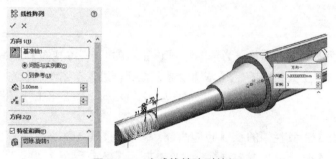

图 4-47　生成线性阵列特征

第 5 章
曲线与曲面设计

曲线与曲面功能也是 SolidWorks 软件的亮点之一。SolidWorks 可以轻松地生成复杂的曲线与曲面模型。本章介绍曲线与曲面的设计功能，主要包括生成曲线的方法、生成曲面的方法和编辑曲面的方法。

重点与难点

- 生成曲线的方法

- 生成曲面的方法

- 编辑曲面的方法

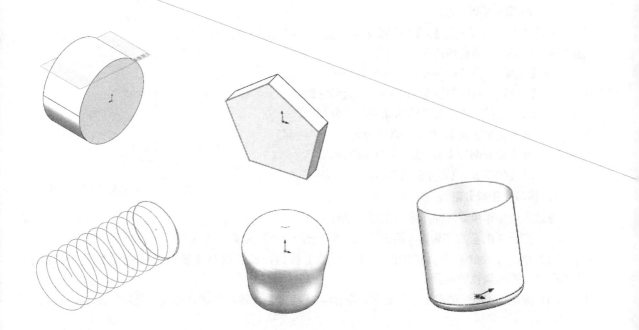

5.1 生成曲线

曲线是组成不规则实体模型的基本要素。SolidWorks 提供了绘制曲线的工具栏和菜单命令。选择【插入】|【曲线】菜单命令可以选择绘制不同类型的曲线，如图 5-1 所示。

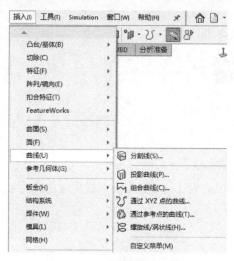

图 5-1 【曲线】菜单命令

5.1.1 分割线

分割线是将实体投影到曲面或者平面上而生成。它将所选的面分割为多个分离的面，从而可以选择其中一个分离面进行操作。分割线也可以通过将草图投影到曲面实体上而生成，投影的实体可以是草图、模型实体、曲面、面、基准面或者曲面样条曲线。

1. 分割线的属性设置

选择【插入】|【曲线】|【分割线】菜单命令，弹出图 5-2 所示的属性管理器。常用选项的介绍如下。

● 【轮廓】：在圆柱形零件上生成分割线。
● 【投影】：将草图投影到平面上生成分割线。
● 【交叉点】：通过交叉的曲面来生成分割线。
● ⊘【拔模方向】：确定拔模的基准面（中性面）。
● ▣【要分割的面】：选择要分割的面。
● ▨【角度】：设置分割的角度。

2. 练习：生成分割线

图 5-2 【分割线】属性管理器

通过下列操作步骤，简单练习生成分割线的方法。

（1）打开【配套数字资源 \ 第 5 章 \ 基本功能 \5.1.1】的实例素材文件。

（2）单击【曲线】工具栏中的▧【分割线】按钮，或者选择【插入】|【曲线】|【分割线】菜单命令，弹出属性管理器。

（3）按图 5-3 所示的参数进行设置，单击✔【确定】按钮，生成分割线，效果如图 5-4 所示。

图 5-3　设置属性管理器（1）　　　　图 5-4　生成分割线

5.1.2　投影曲线

投影曲线可以通过将绘制的曲线投影到模型面上的方式生成一条三维曲线，即"草图到面"的投影类型，也可以使用另一种方式生成投影曲线，即"草图到草图"的投影类型。

1. 投影曲线的属性设置

选择【插入】|【曲线】|【投影曲线】菜单命令，弹出图 5-5 所示的属性管理器。常用选项的介绍如下。

- 　【要投影的草图】：在图形区域中选择曲线草图。
- 　【投影面】：选择想要投影草图的平面。
- 　【反转投影】：设置投影曲线的方向。

2. 练习：生成投影曲线

通过下列操作步骤，简单练习生成投影曲线的方法。

（1）打开【配套数字资源 \ 第 5 章 \ 基本功能 \5.1.2】的实例素材文件。

（2）选择【插入】|【曲线】|【投影曲线】菜单命令，弹出属性管理器。

（3）按图 5-6 所示的参数进行设置，单击 ✔【确定】按钮，生成投影曲线，效果如图 5-7 所示。

图 5-5　【投影曲线】属性管理器　图 5-6　设置属性管理器（2）　　　图 5-7　生成投影曲线

5.1.3　组合曲线

组合曲线通过将曲线、草图几何体和模型边线组合为一条单一曲线而生成。组合曲线可以作为生成放样特征或者扫描特征的引导线或者轮廓线。

1. 组合曲线的属性设置

选择【插入】|【曲线】|【组合曲线】菜单命令，弹出图 5-8 所示的属性管理器。常用选项的

介绍如下。

ど【要连接的草图、边线以及曲线】：选择要组合曲线的草图或者曲线。

2. 练习：生成组合曲线

通过下列操作步骤，简单练习生成组合曲线的方法。

（1）打开【配套数字资源\第5章\基本功能\5.1.3】的实例素材文件。

（2）选择【插入】|【曲线】|【组合曲线】菜单命令，弹出属性管理器。

（3）按图5-9所示的参数进行设置，单击 ✓ 【确定】按钮，生成组合曲线，效果如图5-10所示。

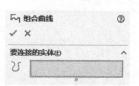 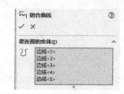

图5-8 【组合曲线】属性管理器　　图5-9　设置属性管理器（1）　图5-10　生成组合曲线

5.1.4　通过 *XYZ* 点的曲线

可以通过用户定义的点生成样条曲线，以这种方式生成的曲线被称为通过 *XYZ* 点的曲线。在 SolidWorks 中，用户既可以自定义样条曲线通过的点，也可以利用点坐标文件生成样条曲线。

1. 通过 *XYZ* 点的曲线的属性设置

选择【插入】|【曲线】|【通过 XYZ 点的曲线】菜单命令，弹出图5-11所示的属性管理器。常用选项的介绍如下。

- 【点】【X】【Y】【Z】：【点】的列坐标为生成曲线点的顺序；【X】【Y】【Z】的列坐标为对应点的坐标值。
- 【浏览】：通过读取已存在于硬盘中的曲线文件来生成曲线。
- 【保存】：将坐标点保存为曲线文件。
- 【插入】：插入一个新行。

2. 练习：生成通过 *XYZ* 点的曲线

通过下列操作步骤，简单练习生成 *XYZ* 点的曲线的方法。

（1）打开【配套数字资源\第5章\基本功能\5.1.4】的实例素材文件。

（2）单击【曲线】工具栏中的 ✗ 【通过 XYZ 点的曲线】按钮，或者选择【插入】|【曲线】|【通过 XYZ 点的曲线】菜单命令，弹出属性管理器。

（3）在【X】【Y】【Z】的单元格中输入生成曲线的坐标点的数值，如图5-12所示，单击【确定】按钮，效果如图5-13所示。

图5-11 【曲线文件】属性管理器　　图5-12　设置属性管理器（2）　图5-13　生成通过 *XYZ* 点的曲线

5.1.5 通过参考点的曲线

通过参考点的曲线是通过一个或者多个平面上的点而生成的曲线。

1. 通过参考点的曲线的属性设置

选择【插入】|【曲线】|【通过参考点的曲线】菜单命令，弹出图 5-14 所示的属性管理器。常用选项的介绍如下。

- 【通过点】：选择一个或者多个平面上的点。
- 【闭环曲线】：确定生成的曲线是否闭合。

2. 练习：生成通过参考点的曲线

通过下列操作步骤，简单练习生成通过参考点的曲线的方法。

（1）打开【配套数字资源\第 5 章\基本功能\5.1.5】的实例素材文件。

（2）选择【插入】|【曲线】|【通过参考点的曲线】菜单命令，弹出属性管理器。

（3）在图形区域中选择 4 个顶点，如图 5-15 所示，单击 ✔【确定】按钮，生成通过参考点的曲线。

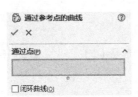

图 5-14 【通过参考点的曲线】属性管理器

图 5-15 选择顶点

5.1.6 螺旋线和涡状线

螺旋线和涡状线可以作为扫描特征的路径或者引导线，也可以作为放样特征的引导线，通常用来生成螺纹、弹簧和发条等零件，也可以在工业设计中作为装饰使用。

1. 螺旋线和涡状线的属性设置

选择【插入】|【曲线】|【螺旋线/涡状线】菜单命令，弹出图 5-16 所示的属性管理器。常用选项的介绍如下。

（1）【定义方式】选项组。

- 【螺距和圈数】：通过设置螺距和圈数的数值来生成螺旋线。
- 【高度和圈数】：通过设置高度和圈数的数值来生成螺旋线。
- 【高度和螺距】：通过设置高度和螺距的数值来生成螺旋线。
- 【涡状线】：通过设置螺距和圈数的数值来生成涡状线。

（2）【参数】选项组。

- 【恒定螺距】：以恒定螺距方式生成螺旋线。
- 【可变螺距】：以可变螺距方式生成螺旋线。
- 【螺距】：设置螺距数值。
- 【圈数】：设置螺旋线的旋转圈数。
- 【起始角度】：设置螺旋线开始旋转的角度。
- 【顺时针】：设置螺旋线的旋转方向为顺时针。
- 【逆时针】：设置螺旋线的旋转方向为逆时针。

2．练习：生成螺旋线

通过下列操作步骤，简单练习生成螺旋线的方法。

（1）打开【配套数字资源 \ 第 5 章 \ 基本功能 \5.1.6】的实例素材文件。

（2）单击【特征管理器设计树】中的【草图 1】按钮，使之处于被选择的状态。

（3）选择【插入】|【曲线】|【螺旋线 / 涡状线】菜单命令，弹出属性管理器，按图 5-17 所示的参数进行设置，单击 ✓【确定】按钮，生成螺旋线，效果如图 5-18 所示。

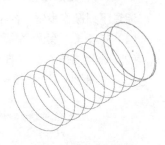

图 5-16 【螺旋线 / 涡状线】属性管理器　　图 5-17 设置属性管理器（1）　　　　图 5-18 生成螺旋线

3．练习：生成涡状线

（1）打开【配套数字资源 \ 第 5 章 \ 基本功能 \5.1.6】的实例素材文件。

（2）单击【特征管理器设计树】中的【草图 2】按钮，使之处于被选择的状态。

（3）选择【插入】|【曲线】|【螺旋线 / 涡状线】菜单命令，弹出属性管理器，按图 5-19 所示的参数进行设置，单击 ✓【确定】按钮，生成涡状线，效果如图 5-20 所示。

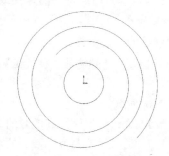

图 5-19 设置属性管理器（2）　　　　　图 5-20 生成涡状线

5.2　生成曲面

曲面是一种可以用来生成实体特征的几何体（如圆角曲面等）。一个零件中可以有多个曲面实体。

SolidWorks 提供了生成曲面的工具栏和菜单命令。选择【插入】|【曲面】菜单命令可以选择生成相应类型的曲面，或者选择【视图】|【工具栏】|【曲面】菜单命令，调出图 5-21 所示的【曲面】工具栏。

曲面(E)

图 5-21 【曲面】工具栏

5.2.1 拉伸曲面

拉伸曲面是指将一条曲线拉伸为曲面。

1. 拉伸曲面的属性设置

选择【插入】|【曲面】|【拉伸曲面】菜单命令，弹出图 5-22 所示的属性管理器。

在【曲面 - 拉伸】属性管理器中常用到【方向】选项组。如果只有一个拉伸方向，则只用到【方向 1】选项组，如果需要同时从一个基准面向两个方向拉伸，则也会用到【方向 2】选项组。

- 【终止条件】：决定拉伸曲面的终止方式。
- 【拉伸方向】：选择拉伸方向。
- 【深度】：设置曲面拉伸的距离。
- 【拔模开 / 关】：设置拔模角度。
- 【向外拔模】：设置向外拔模或向内拔模。

2. 练习：生成拉伸曲面

通过下列操作步骤，简单练习生成拉伸曲面的方法。

（1）打开【配套数字资源 \ 第 5 章 \ 基本功能 \5.2.1】的实例素材文件。

（2）选择【插入】|【曲面】|【拉伸曲面】菜单命令，弹出属性管理器，按图 5-23 所示的参数进行设置，单击 ✓【确定】按钮，生成拉伸曲面，效果如图 5-24 所示。

图 5-22 【曲面 - 拉伸】属性管理器

图 5-23 设置属性管理器

图 5-24 生成拉伸曲面

5.2.2 旋转曲面

从交叉或者非交叉的草图中选择不同的草图，并用所选轮廓生成的旋转的曲面，即为旋转曲面。

1. 旋转曲面的属性设置

选择【插入】|【曲面】|【旋转曲面】菜单命令，弹出图 5-25 所示的属性管理器。常用选项的介绍如下。

（1）　✎【旋转轴】：设置曲面旋转所围绕的轴线。

（2）　⟳【旋转类型】：设置生成旋转曲面的类型，包括如下选项。

○ 【给定深度】：从草图以单一方向生成旋转。

○ 【成形到一顶点】：从草图基准面生成旋转到指定顶点。

○ 【成形到一面】：从草图基准面生成旋转到指定曲面。

○ 【到离指定面指定的距离】：从草图基准面生成旋转到指定曲面的指定等距。

○ 【两侧对称】：从草图基准面以顺时针和逆时针方向生成旋转。

（3）　⊾【角度】：设置旋转曲面的角度。

2．练习：生成旋转曲面

通过下列操作步骤，简单练习生成旋转曲面的方法。

（1）打开【配套数字资源 \ 第 5 章 \ 基本功能 \5.2.2】的实例素材文件。

（2）选择图形区域中的中心线，使之处于被选择的状态。

（3）选择【插入】|【曲面】|【旋转曲面】菜单命令，弹出属性管理器，按图 5-26 所示的参数进行设置，单击 ✔【确定】按钮，生成旋转曲面，如图 5-27 所示。

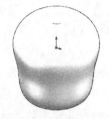

图 5-25　【曲面 – 旋转】属性管理器　　图 5-26　设置属性管理器　　图 5-27　生成旋转曲面

5.2.3　扫描曲面

利用轮廓和路径生成的曲面被称为扫描曲面。扫描曲面和扫描特征类似，也可以通过引导线生成。

1．扫描曲面的属性设置

选择【插入】|【曲面】|【扫描曲面】菜单命令，弹出图 5-28 所示的属性管理器。常用选项的介绍如下。

（1）【轮廓和路径】选项组。

○ 　⟲【轮廓】：设置扫描曲面的草图轮廓。扫描曲面的轮廓可以是开环的，也可以是闭环的。

○ 　⟳【路径】：设置扫描曲面的路径。

（2）【引导线】选项组。

○ 　↝【引导线】：在轮廓沿路径扫描时加以引导。

○ 　⬆【上移】：调整引导线的顺序，使指定的引导线上移。

○ 　⬇【下移】：调整引导线的顺序，使指定的引导线下移。

2．练习：生成扫描曲面

通过下列操作步骤，简单练习生成扫描曲面的方法。

（1）打开【配套数字资源 \ 第 5 章 \ 基本功能 \5.2.3】的实例素材文件。

（2）选择【插入】|【曲面】|【扫描曲面】菜单命令，弹出属性管理器，按图 5-29 所示的参数进行设置，单击 ✔【确定】按钮，生成扫描曲面，如图 5-30 所示。

 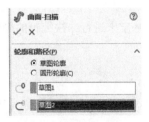 

图 5-28　【曲面 - 扫描】属性管理器　　图 5-29　设置属性管理器（1）　　　图 5-30　生成扫描曲面

5.2.4　放样曲面

通过曲线之间的平滑过渡生成的曲面被称为放样曲面。放样曲面由放样的轮廓曲线组成，也可以根据需要使用引导线。

1．放样曲面的属性设置

选择【插入】|【曲面】|【放样曲面】菜单命令，弹出图 5-31 所示的属性管理器。

（1）【轮廓】选项组。

- ⬦ 【轮廓】：设置放样曲面的轮廓草图。
- ⬆ 【上移】：调整轮廓草图的顺序，选择轮廓草图，使其上移。
- ⬇ 【下移】：调整轮廓草图的顺序，选择轮廓草图，使其下移。

（2）【起始 / 结束约束】选项组。

【开始约束】和【结束约束】包括如下相同的选项。

- 【无】：不应用相切约束，即曲率为零。
- 【方向向量】：根据方向向量所选实体而应用相切约束。
- 【垂直于轮廓】：应用垂直于起始或者结束轮廓的相切约束。

2．练习：生成放样曲面

通过下列操作步骤，简单练习生成放样曲面的方法。

（1）打开【配套数字资源 \ 第 5 章 \ 基本功能 \5.2.4】的实例素材文件。

（2）选择【插入】|【曲面】|【放样曲面】菜单命令，弹出属性管理器，按图 5-32 所示的参数进行设置，单击 ✓【确定】按钮，生成放样曲面，如图 5-33 所示。

图 5-31　【曲面 - 放样】属性管理器　　图 5-32　设置属性管理器（2）　　　图 5-33　生成放样曲面

5.3 编辑曲面

编辑曲面是指在现有曲面特征的基础上进行二次编辑的操作。

5.3.1 等距曲面

将已经存在的曲面以指定距离生成的另一个曲面被称为等距曲面。等距曲面既可以是模型的轮廓面，也可以是绘制的曲面。

1. 等距曲面的属性设置

选择【插入】|【曲面】|【等距曲面】菜单命令，弹出图 5-34 所示的属性管理器。常用选项的介绍如下。

- ● 【要等距的曲面或面】：在图形区域中选择要等距的曲面或者平面。
- ● 【等距距离】：可以输入等距距离数值。

2. 练习：生成等距曲面

通过下列操作步骤，简单练习生成等距曲面的方法。

（1）打开【配套数字资源 \ 第 5 章 \ 基本功能 \5.3.1】的实例素材文件。

（2）单击【特征管理器设计树】中的【曲面 - 放样 1】特征，使之处于被选择的状态。

（3）选择【插入】|【曲面】|【等距曲面】菜单命令，弹出属性管理器，按图 5-35 所示的参数进行设置，单击 ✓【确定】按钮，生成等距曲面，如图 5-36 所示。

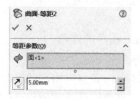

图 5-34 【等距曲面】属性管理器　　图 5-35 设置属性管理器　　图 5-36 生成等距曲面

5.3.2 延展曲面

沿所选平面方向延展实体或者延展曲面的边线而生成的曲面被称为延展曲面。

1. 延展曲面的属性设置

选择【插入】|【曲面】|【延展曲面】菜单命令，弹出图 5-37 所示的属性管理器。常用选项的介绍如下。

- ● 【延展方向参考】：在图形区域中选择一个面或者基准面。
- ● 【要延展的边线】：在图形区域中选择一条边线或者一组连续边线。
- ● 【沿切面延伸】：使曲面沿模型中的相切面继续延展。
- ● 【延展距离】：设置延展曲面的宽度。

2. 练习：生成延展曲面

通过下列操作步骤，简单练习生成延展曲面的方法。

（1）打开【配套数字资源 \ 第 5 章 \ 基本功能 \5.3.2】的实例素材文件。

（2）选择图形区域中模型的上边线，使之处于被选择的状态。

（3）选择【插入】|【曲面】|【延展曲面】菜单命令，弹出属性管理器，按图 5-38 所示的参数进行设置，单击【确定】按钮，生成延展曲面，如图 5-39 所示。

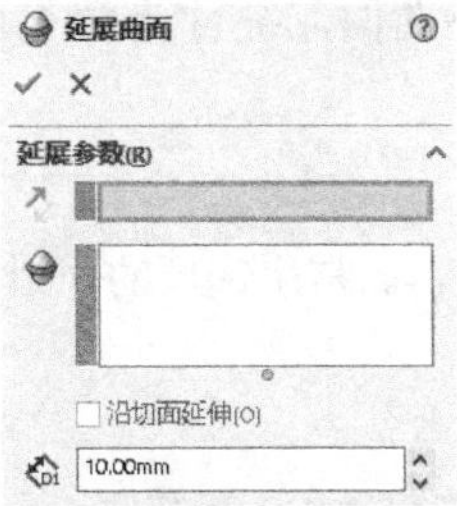

图 5-37 【延展曲面】属性管理器

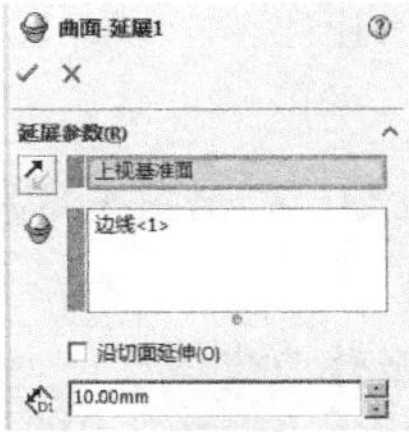

图 5-38　设置属性管理器（1）

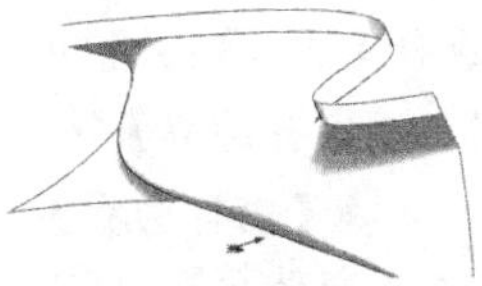

图 5-39　生成延展曲面

5.3.3　圆角曲面

使用圆角将曲面实体中以一定角度相交的两个相邻面之间的边线进行平滑过渡，生成的圆角被称为圆角曲面。

1. 圆角曲面的属性设置

选择【插入】|【曲面】|【圆角】菜单命令，弹出图 5-40 所示的属性管理器。常用选项的介绍如下。

（1）【要圆角化的项目】选项组。

- 【边线、面、特征和环】：在图形区域中选择要进行圆角处理的实体。
- 【切线延伸】：将圆角延伸到与所选面相切的所有面。
- 【完整预览】：显示所有边线的圆角预览。

（2）【圆角参数】选项组。

- 【半径】：设置圆角的半径。
- 【多半径圆角】：以不同边线的半径生成圆角。

2. 练习：生成圆角曲面

通过下列操作步骤，简单练习生成圆角曲面的方法。

（1）打开【配套数字资源 \ 第 5 章 \ 基本功能 \5.3.3】的实例素材文件。

（2）选择【插入】|【曲面】|【圆角】菜单命令，弹出属性管理器，按图 5-41 所示的参数进行设置，单击【确定】按钮，生成圆角曲面，如图 5-42 所示。

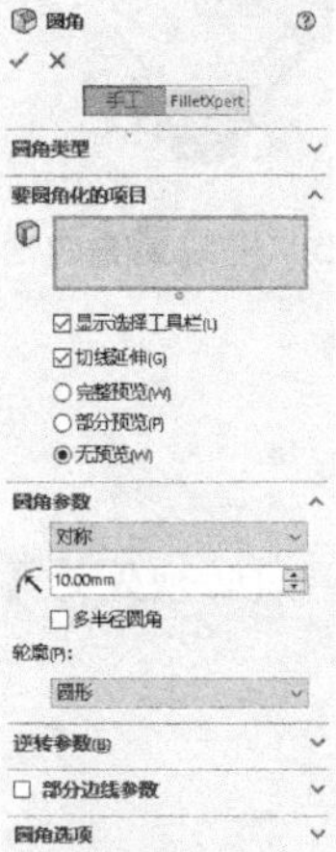

图 5-40 【圆角】属性管理器

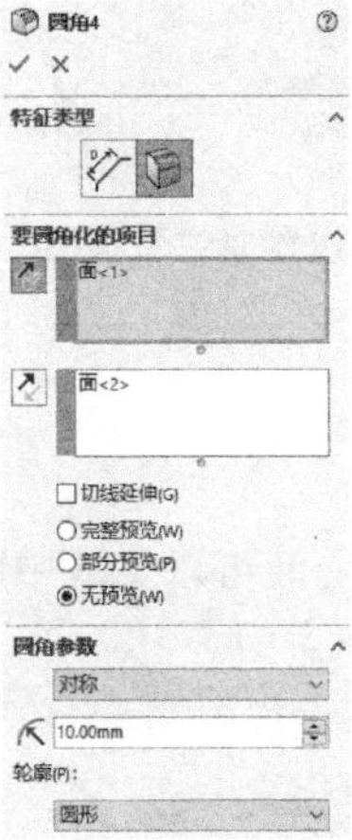

图 5-41　设置属性管理器（2）

图 5-42　生成圆角曲面

5.3.4　填充曲面

在现有模型边线、草图或者曲线定义的边界内生成任意边数的修补曲面，被称为填充曲面。填充曲面可以用来构造填充模型中带缝隙的曲面。

1. 填充曲面的属性设置

选择【插入】|【曲面】|【填充】菜单命令，弹出图 5-43 所示的属性管理器。常用选项的介绍如下。

（1）【修补边界】选项组。

- ⮌ 【修补边界】：定义所应用的修补边线。
- 【交替面】：只在实体模型上生成修补时使用，用于控制修补曲率的反转边界面。
- 【应用到所有边线】：可以将相同的曲率控制应用到所有边线中。
- 【优化曲面】：对曲面进行优化。

（2）【约束曲线】选项组。

- ⮌ 【约束曲线】：在填充曲面时添加斜面控制。

2. 练习：生成填充曲面

通过下列操作步骤，简单练习生成填充曲面的方法。

（1）打开【配套数字资源 \ 第 5 章 \ 基本功能 \5.3.4】的实例素材文件。

（2）选择图形区域中模型的上边线，使之处于被选择的状态。

（3）选择【插入】|【曲面】|【填充】菜单命令，弹出属性管理器，按图 5-44 所示的参数进行设置，单击 ✓ 【确定】按钮，生成填充曲面，如图 5-45 所示。

图 5-43　【填充曲面】属性管理器　　图 5-44　设置属性管理器　　图 5-45　生成填充曲面

5.3.5　中面

在实体上选择合适的双对面，在双对面之间可以生成中面。合适的双对面必须处处等距，且属于同一实体。在 SolidWorks 中可以生成以下中面。

- 单个：在图形区域中选择单个等距面生成中面。
- 多个：在图形区域中选择多个等距面生成中面。
- 所有：单击【中面】属性管理器中的【查找双对面】按钮，系统会自动选择模型上所有适合的等距面，以生成所有等距面的中面。

1. 中面的属性设置

选择【插入】|【曲面】|【中面】菜单命令，弹出图 5-46 所示的属性管理器。常用选项的介绍如下。

- 【面 1】：选择生成中面的其中一个面。
- 【面 2】：选择生成中面的另一个面。
- 【查找双对面】：单击此按钮，系统会自动查找模型中适合的双对面。
- 【识别阈值】：【阈值运算符】为数学操作符，【阈值厚度】为壁厚度数值。
- 【定位】：设置生成中面的位置。

2. 练习：生成中面

通过下列操作步骤，简单练习生成中面的方法。

（1）打开【配套数字资源 \ 第 5 章 \ 基本功能 \5.3.5】的实例素材文件。

（2）选择【插入】|【曲面】|【中面】菜单命令，弹出属性管理器。在图形区域中分别选择内圆柱面和外圆柱面，按图 5-47 所示的参数进行设置，单击 ✓【确定】按钮，生成中面，如图 5-48 所示。

  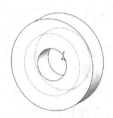

图 5-46 【中面】属性管理器 　　图 5-47 设置属性管理器 　　图 5-48 生成中面

5.3.6 延伸曲面

将现有曲面的边缘沿着切线方向进行延伸所形成的曲面被称为延伸曲面。

1. 延伸曲面的属性设置

选择【插入】|【曲面】|【延伸曲面】菜单命令，弹出图 5-49 所示的属性管理器。常用选项的介绍如下。

（1）【拉伸的边线 / 面】选项组。

- ◇【所选边线 / 面】：在图形区域中选择延伸的边线或者面。

（2）【终止条件】选项组。

- 【距离】：按照设置的 ⊗【距离】数值确定延伸曲面的距离。
- 【成形到某一点】：在图形区域中选择某一顶点，将曲面延伸到指定的点。
- 【成形到某一面】：在图形区域中选择某一面，将曲面延伸到指定的面。

2. 练习：生成延伸曲面

通过下列操作步骤，简单练习生成延伸曲面的方法。

（1）打开【配套数字资源 \ 第 5 章 \ 基本功能 \5.3.6】的实例素材文件。

（2）选择图形区域中模型的上边线，使之处于被选择的状态。

（3）选择【插入】|【曲面】|【延伸曲面】菜单命令，弹出属性管理器，按图 5-50 所示的参数进行设置，单击 ✔【确定】按钮，生成延伸曲面，如图 5-51 所示。

图 5-49 【延伸曲面】属性管理器　图 5-50　设置属性管理器（1）　　　图 5-51　生成延伸曲面

5.3.7　剪裁曲面

可以将曲面、基准面或者草图作为剪裁工具剪裁相交曲面，也可以将曲面和其他曲面配合使用，相互作为剪裁工具。

1. 剪裁曲面的属性设置

选择【插入】|【曲面】|【剪裁曲面】菜单命令，弹出图 5-52 所示的属性管理器。常用选项的介绍如下。

（1）【剪裁类型】选项组。

● 【标准】：使用曲面、草图实体、曲线或者基准面等剪裁曲面。

● 【相互】：使用曲面本身剪裁多个曲面。

（2）【选择】选项组。

● ◈【剪裁工具】：在图形区域中选择曲面或者基准面作为剪裁其他曲面的工具。

● 【保留选择】：设置剪裁曲面中选择的部分为要保留的部分。

● 【移除选择】：设置剪裁曲面中选择的部分为要移除的部分。

2. 练习：生成剪裁曲面

通过下列操作步骤，简单练习生成剪裁曲面的方法。

（1）打开【配套数字资源 \ 第 5 章 \ 基本功能 \5.3.7】的实例素材文件。

（2）选择【插入】|【曲面】|【剪裁曲面】菜单命令，弹出属性管理器。

（3）按图 5-53 所示的参数进行设置，单击 ✔【确定】按钮，生成剪裁曲面，如图 5-54 所示。

图 5-52 【剪裁曲面】属性管理器　图 5-53　设置属性管理器（2）　　　图 5-54　生成剪裁曲面

5.3.8　替换面

利用新曲面实体替换曲面或者实体中的面，这种方式被称为替换面。替换曲面实体不必与旧的面具有相同的边界。在替换面时，原来实体中的相邻面自动延伸并剪裁到替换曲面实体。

1．替换面的属性设置

选择【插入】|【面】|【替换】菜单命令，弹出图 5-55 所示的属性管理器。常用选项的介绍如下。

- ◎　🥢【替换的目标面】：在图形区域中选择曲面或者基准面作为要替换的面。
- ◎　🥢【替换曲面】：选择替换曲面实体。

2．练习：生成替换面

通过下列操作步骤，简单练习生成替换面的方法。

（1）打开【配套数字资源 \ 第 5 章 \ 基本功能 \5.3.8】的实例素材文件。

（2）选择【插入】|【面】|【替换】菜单命令，弹出属性管理器，按图 5-56 所示的参数进行设置，单击 ✔【确定】按钮，生成替换面，如图 5-57 所示。

图 5-55　【替换面】属性管理器　　　图 5-56　设置属性管理器　　　图 5-57　生成替换面

5.3.9　删除面

删除面是将存在的面删除并进行编辑。

1．删除面的属性设置

选择【插入】|【面】|【删除】菜单命令，弹出图 5-58 所示的属性管理器。常用选项的介绍如下。

（1）【选择】选项组。

- ◎　📦【要删除的面】：在图形区域中选择要删除的面。

（2）【选项】选项组。

- ◎　【删除】：从曲面实体中删除面或者从实体中删除一个或多个面以生成曲面。
- ◎　【删除并修补】：从曲面实体或者实体中删除一个面，并自动对实体进行修补和剪裁。
- ◎　【删除并填补】：删除存在的面并生成单一面，可以填补任何缝隙。

2．练习：删除面

通过下列操作步骤，简单练习删除面的方法。

（1）打开【配套数字资源 \ 第 5 章 \ 基本功能 \5.3.9】的实例素材文件。

（2）选择【插入】|【面】|【删除】菜单命令，弹出属性管理器，按图 5-59 所示的参数进行设置，单击 ✔【确定】按钮，将选择的面删除，如图 5-60 所示。

图 5-58 【删除面】属性管理器

图 5-59 设置属性管理器

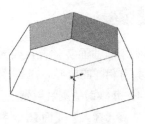

图 5-60 删除面

5.4 叶片三维建模范例

下面应用本章讲解的知识完成一个叶片曲面模型的制作，最终效果如图 5-61 所示。

图 5-61 叶片曲面模型

5.4.1 生成轮毂部分

（1）单击【特征管理器设计树】中的【前视基准面】按钮，使其成为草图绘制平面。单击【标准视图】工具栏中的 ⊥【正视于】按钮，并单击【草图】工具栏中的 └【草图绘制】按钮，进入草图绘制状态。使用【草图】工具栏中的 ♥【圆心 / 起 / 终点画弧】、 ↖【智能尺寸】工具，绘制图 5-62 所示的草图。单击 ↩【退出草图】按钮，退出草图绘制状态。

（2）单击【特征】工具栏中的 ⓐ【拉伸凸台 / 基体】按钮，弹出属性管理器，按图 5-63 所示的参数进行设置，单击 ✔【确定】按钮，生成拉伸特征。

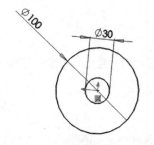

图 5-62 绘制草图并标注尺寸

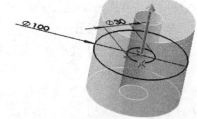

图 5-63 生成拉伸特征

5.4.2 生成叶片部分

（1）单击【参考几何体】工具栏中的 ⓗ【基准面】按钮，弹出属性管理器，按图 5-64 所示的参数进行设置，在图形区域中显示出新建基准面的预览，单击 ✔【确定】按钮，生成基准面。

（2）单击【特征管理器设计树】中的【基准面 1】按钮，使其成为草图绘制平面。单击【标准视图】工具栏中的 ⊥【正视于】按钮，并单击【草图】工具栏中的 └【草图绘制】按钮，进入草图绘制状态。使用【草图】工具栏中的 ╱【直线】、✎【智能尺寸】工具，绘制图 5-65 所示的草图。
单击 ↩ 【退出草图】按钮，退出草图绘制状态。

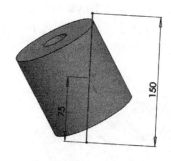

图 5-64 生成基准面（1）　　　　　　　　　　图 5-65 绘制草图并标注尺寸（1）

（3）单击【参考几何体】工具栏中的 ⬚ 【基准面】按钮，弹出属性管理器，按图 5-66 所示的
参数进行设置，在图形区域中显示出新建基准面的预览，单击 ✔ 【确定】按钮，生成基准面。

（4）单击【特征管理器设计树】中的【基准面 2】按钮，使其成为草图绘制平面。单击【标准
视图】工具栏中的 ↧ 【正视于】按钮，并单击【草图】工具栏中的 ▢ 【草图绘制】按钮，进入草
图绘制状态。使用【草图】工具栏中的 ╱【直线】、✎【智能尺寸】工具，绘制图 5-67 所示的草图。
单击 ↩ 【退出草图】按钮，退出草图绘制状态。

图 5-66 生成基准面（2）　　　　　　　　　　图 5-67 绘制草图并标注尺寸（2）

（5）单击【曲面】工具栏中的 ▤【放样曲面】按钮，弹出属性管理器，在【轮廓】选项组中
选择【草图 2】和【草图 3】，如图 5-68 所示，单击 ✔ 【确定】按钮，生成放样曲面。

（6）单击【参考几何体】工具栏中的 ⬚ 【基准面】按钮，弹出属性管理器，按图 5-69 所示的
参数进行设置，在图形区域中显示出新建基准面的预览，单击 ✔ 【确定】按钮，生成基准面。

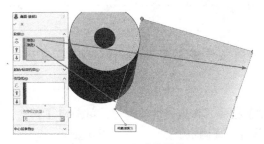

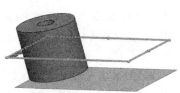

图 5-68 生成放样曲面　　　　　　　　　　　图 5-69 生成基准面（3）

（7）单击【特征管理器设计树】中的【基准面3】按钮，使其成为草图绘制平面。单击【标准视图】工具栏中的 ⬥【正视于】按钮，并单击【草图】工具栏中的 ⬚【草图绘制】按钮，进入草图绘制状态。使用【草图】工具栏中的 Ｎ【样条曲线】、✎【智能尺寸】工具，绘制图 5-70 所示的草图。单击 ⬚【退出草图】按钮，退出草图绘制状态。

（8）选择【插入】|【曲线】|【投影曲线】菜单命令，在 ⬚【要投影的草图】中选择【草图4】，在 ⬙【要投影的面】中选择【面<1>】，如图 5-71 所示，单击 ✔【确定】按钮，生成分割线。

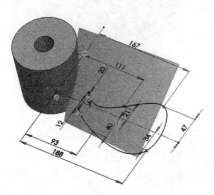

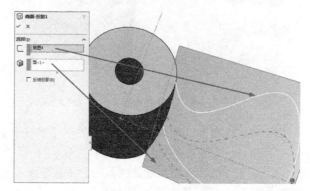

图 5-70　绘制草图并标注尺寸（3）　　　　　　　图 5-71　生成分割线

（9）单击【曲面】工具栏中的 ⬗【剪裁曲面】按钮，弹出属性管理器，按图 5-72 所示的参数进行设置，单击 ✔【确定】按钮，生成剪裁曲面。

（10）选择【插入】|【凸台/基体】|【加厚】菜单命令，弹出属性管理器，按图 5-73 所示的参数进行设置，单击 ✔【确定】按钮，生成加厚曲面。

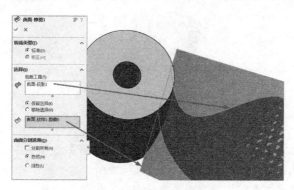

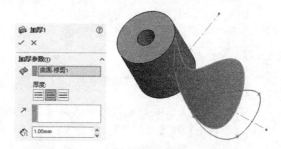

图 5-72　生成剪裁曲面　　　　　　　　　图 5-73　生成加厚曲面

 注意

可将曲面直接输入 SolidWorks 模型中。受支持的文件格式有 Parasolid、IGES、ACIS、VRML，以及 VDAFS。

（11）单击【参考几何体】工具栏中的 ⟋【基准轴】按钮，弹出属性管理器。单击 ⬙【圆柱/圆锥面】按钮，选择模型的外圆面，如图 5-74 所示，单击 ✔【确定】按钮，生成基准轴。

（12）单击【特征】工具栏中的 ⬢【圆周阵列】按钮，弹出属性管理器，按图 5-75 所示的参数进行设置，单击 ✔【确定】按钮，生成特征圆周阵列。

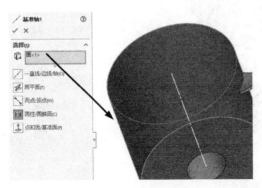

图 5-74 生成基准轴

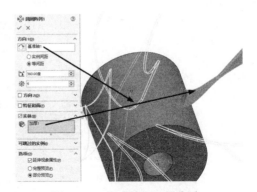

图 5-75 生成特征圆周阵列

（13）选择【插入】|【特征】|【组合】菜单命令，弹出属性管理器。在【操作类型】选项组中，选择【添加】单选项，在【要组合的实体】选项组中选择刚生成的实体，如图 5-76 所示，单击 ✔【确定】按钮，生成组合特征。

（14）选择【插入】|【特征】|【圆角】菜单命令，弹出属性管理器，按图 5-77 所示的参数进行设置，单击 ✔【确定】按钮，生成圆角特征。

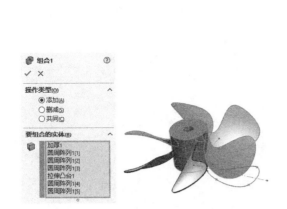

图 5-76 生成组合特征

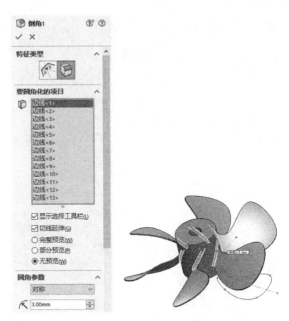

图 5-77 生成圆角特征

5.4.3 斑马条纹显示

选择【视图】|【显示】|【斑马条纹】菜单命令，弹出属性管理器。在【斑马条纹】属性管理器中显示了斑马条纹的设置信息，如图 5-78 所示，可以通过拖曳指针来设置 ⊪【条纹数】、⊪【条纹宽度】和 ⊹【条纹精度】的数值。

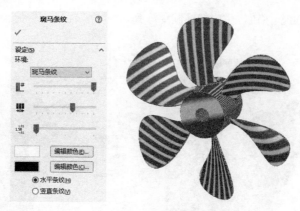

图 5-78　斑马条纹

第 6 章
钣金设计

钣金是针对金属薄板（通常在 6mm 以下）的一种综合冷加工工艺，包括剪、冲/切/复合、折、焊接、铆接、拼接、成型（如汽车车身）等，其显著的特征就是同一零件厚度一致。SolidWorks 可以独立设计钣金零件，也可以在包含此内部零件的关联装配体中设计钣金零件。本章主要介绍钣金基础知识、钣金生成特征和钣金编辑特征。

重点与难点

- ● 基础知识

- ● 钣金生成特征

- ● 钣金编辑特征

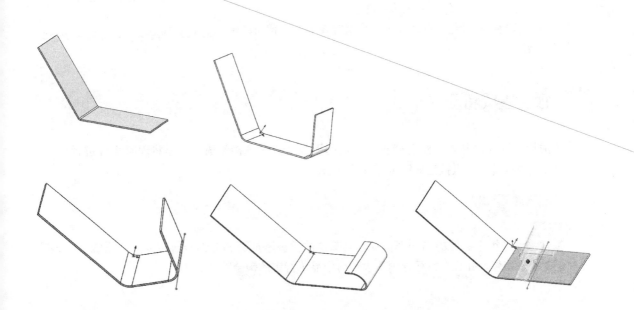

6.1 基础知识

在钣金零件设计中经常涉及一些术语，包括折弯系数、K 因子和折弯扣除等。

6.1.1 折弯系数

折弯系数是沿材料中性轴所测量的圆弧长度。在生成折弯时，可以给任何一个钣金折弯输入数值以指定明确的折弯系数。以下方程式用来决定使用折弯系数值时的总平展长度。

$$L_t = A + B + BA$$

式中：L_t 表示总平展长度；A 和 B 的含义如图 6-1 所示；BA 表示折弯系数值。

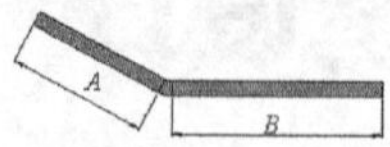

图 6-1 折弯系数中 A 和 B 的含义

6.1.2 K 因子

K 因子代表中立板相对于钣金零件厚度的位置的比率。包含 K 因子的折弯系数使用以下计算公式。

$$BA = \prod (R + KT) \, A/180$$

式中：BA 表示折弯系数值；R 表示内侧折弯半径；K 表示 K 因子；T 表示材料厚度；A 表示折弯角度（经过折弯材料的角度）。

6.1.3 折弯扣除

折弯扣除通常是指回退量，也是一种简单算法，来描述钣金折弯的过程。在生成折弯时，可以通过给任何钣金折弯输入数值以指定明确的折弯扣除。以下方程式用来决定使用折弯扣除值时的总平展长度。

$$L_t = A + B - BD$$

式中：L_t 表示总平展长度；A 和 B 的含义如图 6-2 所示；BD 表示折弯扣除值。

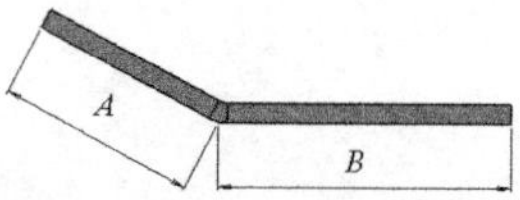

图 6-2 折弯扣除中 A 和 B 的含义

6.2 钣金生成特征

生成钣金零件的基本方法有两种，一是利用钣金命令直接生成，二是将现有零件进行转换。下面介绍利用钣金命令直接生成钣金零件的方法。

6.2.1 基体法兰

基体法兰是钣金零件的第一个特征。当基体法兰被添加到 SolidWorks 零件后，系统会将该零件标记为钣金零件，并且在特征管理器设计树中显示特定的钣金特征。

1．基体法兰的属性设置

选择【插入】|【钣金】|【基体法兰】菜单命令，弹出图 6-3 所示的属性管理器。常用选项的介绍如下。

（1）【钣金规格】选项组。

根据指定的材料，选择【使用规格表】选项定义钣金的电子表格及数值。

（2）【钣金参数】选项组。

- ⬡ 【厚度】：设置钣金厚度。
- 【反向】：以相反的方向加厚草图。
- ⬠ 【半径】：钣金折弯处的半径。

2．练习：生成基体法兰特征

通过下列操作步骤，简单练习生成基体法兰特征的方法。

（1）打开【配套数字资源 \ 第 6 章 \ 基本功能 \6.2.1】的实例素材文件。

（2）选择【插入】|【钣金】|【基体法兰】菜单命令，弹出属性管理器。

（3）按图 6-4 所示的参数进行设置，单击 ✔ 【确定】按钮，生成基体法兰特征，如图 6-5 所示。

  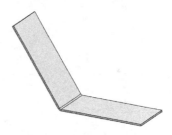

图 6-3 【基体法兰】属性管理器　　图 6-4　设置属性管理器　　图 6-5　生成基体法兰特征

6.2.2　边线法兰

可以在一条或者多条边线上添加边线法兰。

1．边线法兰的属性设置

选择【插入】|【钣金】|【边线法兰】菜单命令，弹出图 6-6 所示的属性管理器。常用选项的介绍如下。

（1）【法兰参数】选项组。

- ⬢ 【选择边线】：在图形区域中选择边线。
- 【编辑法兰轮廓】：编辑轮廓草图。
- ⬠ 【折弯半径】：在取消勾选【使用默认半径】复选框时可用。
- ⬡ 【缝隙距离】：设置缝隙数值。

（2）【角度】选项组。

- 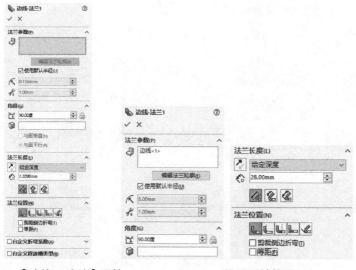【法兰角度】：设置角度数值。
- 【选择面】：为法兰角度选择参考面。

（3）【法兰长度】选项组。

【长度终止条件】：选择终止条件。

【长度】：设置长度数值。

（4）【法兰位置】选项组。

【法兰位置】包括【材料在内】、【材料在外】、【折弯在外】、【虚拟交点的折弯】和【与折弯相切】。

- 【剪裁侧边折弯】：移除邻近折弯的多余部分。
- 【等距】：勾选此复选框，可以生成等距法兰。

2. 练习：生成边线法兰特征

通过下列操作步骤，简单练习生成边线法兰特征的方法。

（1）打开【配套数字资源 \ 第 6 章 \ 基本功能 \6.2.2】的实例素材文件。

（2）选择【插入】|【钣金】|【边线法兰】菜单命令，弹出属性管理器。

（3）选取模型的下边线，按图 6-7 所示的参数进行设置，单击 ✔【确定】按钮，生成边线法兰特征，如图 6-8 所示。

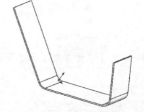

图 6-6 【边线 – 法兰】属性 　　图 6-7 设置属性管理器 　　图 6-8 生成边线法兰特征
　　　　管理器

6.2.3 绘制的折弯

绘制的折弯在钣金零件处于折叠状态时将折弯线添加到零件，使折弯线的尺寸标注到其他折叠的几何体上。

1. 绘制的折弯的属性设置

选择【插入】|【钣金】|【绘制的折弯】菜单命令，弹出图 6-9 所示的属性管理器。常用选项的介绍如下。

- 【固定面】：在图形区域中选择一个不因为特征而移动的面。

● 【折弯位置】：包括 【折弯中心线】、 【材料在内】、 【材料在外】和 【折弯在外】。

2. 练习：生成绘制的折弯特征

通过下列操作步骤，简单练习生成绘制的折弯特征的方法。

（1）打开【配套数字资源 \ 第 6 章 \ 基本功能 \6.2.3】的实例素材文件。

（2）单击【特征管理器设计树】中的【草图 10】特征，使之处于被选择的状态。

（3）选择【插入】|【钣金】|【绘制的折弯】菜单命令，弹出属性管理器，按图 6-10 所示的参数进行设置，单击 ✔【确定】按钮，生成绘制的折弯特征，如图 6-11 所示。

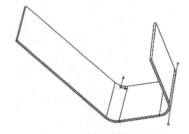

图 6-9　【绘制的折弯】属性管理器　　图 6-10　设置属性管理器　　　　图 6-11　生成绘制的折弯特征

6.2.4　褶边

褶边特征可在钣金零件的所选边线上添加一个弯边。

1. 褶边的属性设置

选择【插入】|【钣金】|【褶边】菜单命令，弹出图 6-12 所示的属性管理器。常用选项的介绍如下。

（1）【边线】选项组。

● 【边线】：在图形区域中选择需要添加褶边的边线。

● 【编辑褶边宽度】：在图形区域中编辑褶边的宽度。

● 【材料在里】：褶边的材料在内侧。

● 【材料在外】：褶边的材料在外侧。

（2）【类型和大小】选项组。

● 选择褶边类型，包括 【闭环】、 【开环】、 【撕裂形】和 【滚轧】，其分别对应的效果如图 6-13 所示。

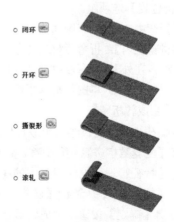

图 6-12　【褶边】属性管理器　　　　图 6-13　不同褶边类型的效果

2. 练习：生成褶边特征

通过下列操作步骤，简单练习生成褶边特征的方法。

（1）打开【配套数字资源 \ 第 6 章 \ 基本功能 \6.2.4】的实例素材文件。

（2）选择【插入】|【钣金】|【褶边】菜单命令，弹出属性管理器。

（3）选取模型的下边线，按图 6-14 所示的参数进行设置，单击 ✓【确定】按钮，生成褶边特征，如图 6-15 所示。

图 6-14　设置属性管理器

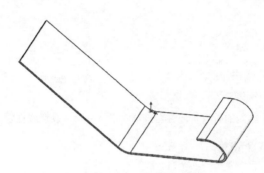

图 6-15　生成褶边特征

6.2.5　转折

转折通过从草图线上生成两个折弯而将材料添加到钣金零件上。

1. 转折的属性设置

选择【插入】|【钣金】|【转折】菜单命令，弹出图 6-16 所示的属性管理器。常用选项的介绍如下。

（1）【转折等距】选项组。

- 　【外部等距】：等距的距离按照外部尺寸来计算。
- 　【内部等距】：等距的距离按照内部尺寸来计算。
- 　【总尺寸】：等距的距离按照总尺寸来计算。

（2）【转折位置】选项组。

- 　【折弯中心线】：草图作为折弯的中心线。
- 　【材料在内】：折弯后材料在草图以内。
- 　【材料在外】：折弯后材料在草图以外。
- 　【折弯向外】：草图与折弯根部对齐。

2. 练习：生成转折特征

通过下列操作步骤，简单练习生成转折特征的方法。

（1）打开【配套数字资源 \ 第 6 章 \ 基本功能 \6.2.5】的实例素材文件。

（2）单击【特征管理器设计树】中的【草图 4】特征，使之处于被选择的状态。

（3）选择【插入】|【钣金】|【转折】菜单命令，弹出属性管理器，按图 6-17 所示的参数进行设置，单击 ✓【确定】按钮，生成转折特征，如图 6-18 所示。

  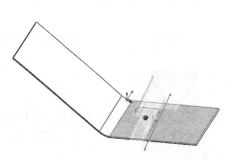

图 6-16　【转折】属性管理器　图 6-17　设置属性管理器（1）　图 6-18　生成转折特征

6.2.6　闭合角

可以在钣金法兰之间添加闭合角。

1. 闭合角的属性设置

选择【插入】|【钣金】|【闭合角】菜单命令，弹出图 6-19 所示的属性管理器。常用选项的介绍如下。

- ◎　【要延伸的面】：选择一个或者多个平面。
- ◎　【边角类型】：可以选择边角类型，包括【对接】、【重叠】、【欠重叠】。
- ◎　【缝隙距离】：设置缝隙数值。
- ◎　【重叠 / 欠重叠比率】：设置比率数值。

2. 练习：生成闭合角特征

通过下列操作步骤，简单练习生成闭合角特征的方法。

（1）打开【配套数字资源 \ 第 6 章 \ 基本功能 \6.2.6】的实例素材文件。

（2）选择【插入】|【钣金】|【闭合角】菜单命令，弹出属性管理器，按图 6-20 所示的参数进行设置，单击【确定】按钮，生成闭合角特征，如图 6-21 所示。

  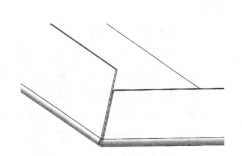

图 6-19　【闭合角】属性管理器　图 6-20　设置属性管理器（2）　图 6-21　生成闭合角特征

6.3 钣金编辑特征

钣金编辑特征是指对已有的钣金特征进行二次编辑的操作特征。

6.3.1 折叠

折叠特征可以将平展的钣金下料状态恢复成钣金的最终成型状态。

选择【插入】|【钣金】|【折叠】菜单命令，弹出图 6-22 所示的属性管理器。常用选项的介绍如下。

1. 折叠的属性设置

- 【固定面】：在图形区域中选择一个不因为特征而移动的面。
- 【要折叠的折弯】：选择一个或者多个折弯。

2. 练习：生成折叠特征

通过下列操作步骤，简单练习生成折叠特征的方法。

（1）打开【配套数字资源 \ 第 6 章 \ 基本功能 \6.3.1】的实例素材文件。

（2）选择【插入】|【钣金】|【折叠】菜单命令，弹出属性管理器。

（3）按图 6-23 所示的参数进行设置，单击 ✓ 【确定】按钮，生成折叠特征，如图 6-24 所示。

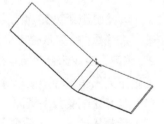

图 6-22 【折叠】属性管理器　　图 6-23　设置属性管理器　　图 6-24　生成折叠特征

6.3.2 展开

展开特征可以将钣金的最终成型状态转变成钣金的下料状态。

选择【插入】|【钣金】|【展开】菜单命令，弹出图 6-25 所示的属性管理器。常用选项的介绍如下。

1. 展开的属性设置

- 【固定面】：在图形区域中选择一个不因为特征而移动的面。
- 【要展开的折弯】：选择一个或者多个折弯。

2. 练习：生成展开特征

通过下列操作步骤，简单练习生成展开特征的方法。

（1）打开【配套数字资源 \ 第 6 章 \ 基本功能 \6.3.2】的实例素材文件。

（2）选择【插入】|【钣金】|【展开】菜单命令，弹出属性管理器。

（3）按图 6-26 所示的参数进行设置，单击 ✔【确定】按钮，生成展开特征，如图 6-27 所示。

图 6-25　【展开】属性管理器　　图 6-26　设置属性管理器（1）　　　图 6-27　生成展开特征

6.3.3　放样折弯

在钣金零件中，放样折弯使用由放样连接的两个开环轮廓草图。基体法兰特征不与放样折弯特征一起使用。

1. 放样折弯的属性设置

选择【插入】|【钣金】|【放样折弯】菜单命令，弹出图 6-28 所示的属性管理器。常用选项的介绍如下。

- ⊘ 弦公差：设置圆弧与线性线段之间的最大距离。
- ⊘ n 折弯数：设置应用到每个变换的折弯数。
- ⊘ 线段长度：指定线性线段的最大长度。
- ⊘ 弧角：指定两个相邻线性线段之间的最大角度。

2. 练习：生成放样折弯特征

通过下列操作步骤，简单练习生成放样折弯特征的方法。

（1）打开【配套数字资源 \ 第 6 章 \ 基本功能 \6.3.3】的实例素材文件。

（2）选择【插入】|【钣金】|【放样折弯】菜单命令，弹出属性管理器。

（3）按图 6-29 所示的参数进行设置，单击 ✔【确定】按钮，生成放样折弯特征，如图 6-30 所示。

  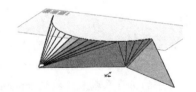

图 6-28　【放样折弯】属性管理器　　图 6-29　设置属性管理器（2）　　　图 6-30　生成放样折弯特征

6.4 钣金建模范例

下面通过一个具体钣金零件的设计实例来介绍钣金设计的方法，钣金零件如图 6-31 所示。

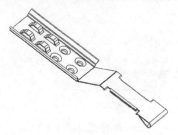

图 6-31　钣金零件

6.4.1　生成基础部分

（1）单击【特征管理器设计树】中的【前视基准面】按钮，使其成为草图绘制平面。单击【标准视图】工具栏中的 ⊥【正视于】按钮，并单击【草图】工具栏中的 ⌐【草图绘制】按钮，进入草图绘制状态。使用【草图】工具栏中的 ╱【直线】、✎【智能尺寸】工具，绘制图 6-32 所示的草图。单击 ⤴【退出草图】按钮，退出草图绘制状态。

（2）选择绘制好的草图，单击【钣金】工具栏中的 ♨【基体法兰 / 薄片】按钮，弹出属性管理器，按图 6-33 所示的参数进行设置，单击 ✓【确定】按钮，生成基体法兰特征。

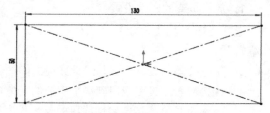

图 6-32　绘制草图并标注尺寸

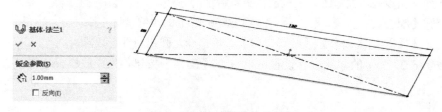

图 6-33　生成基体法兰特征

（3）单击【钣金】工具栏中的 ◕【边线法兰】按钮，弹出属性管理器，按图 6-34 所示的参数进行设置，单击 ✓【确定】按钮，生成边线法兰特征。

（4）单击【钣金】工具栏中的 ◕【边线法兰】按钮，弹出属性管理器，按图 6-35 所示的参数进行设置，单击 ✓【确定】按钮，生成边线法兰特征。

 注意

可以对钣金零件生成一个自定义折弯系数表。使用一个文字编辑器，如记事本，来编辑该实例的折弯系数表。找到 langenglishsample.btl 之后，以一个新的名称保存其表格，并且以 *.btl 作为扩展名，保存在相同的目录下。

（5）单击【钣金】工具栏中的 【展开】按钮，弹出属性管理器，按图 6-36 所示的参数进行设置，单击 ✓【确定】按钮，生成展开特征。此时，钣金将以平板的形式存在。

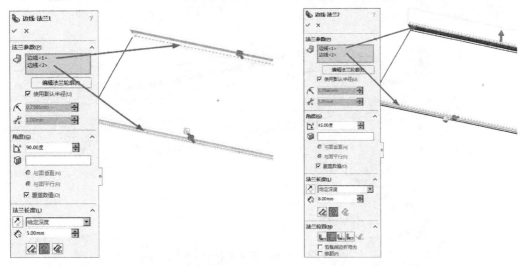

图 6-34　生成边线法兰特征（1）　　　　　　图 6-35　生成边线法兰特征（2）

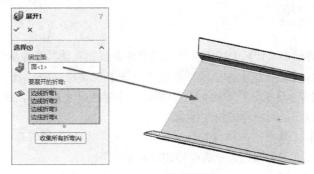

图 6-36　生成展开特征

（6）单击【钣金】工具栏中的 【折叠】按钮，弹出属性管理器，按图 6-37 所示的参数进行设置，单击 ✓【确定】按钮，生成折叠特征。

（7）单击【钣金】工具栏中的【边线法兰】按钮，弹出属性管理器，按图 6-38 所示的参数进行设置，单击 ✓【确定】按钮，生成边线法兰特征。

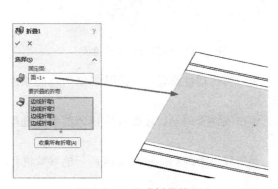

图 6-37　生成折叠特征

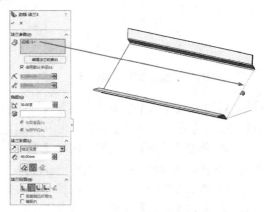

图 6-38　生成边线法兰特征（3）

（8）单击【钣金】工具栏中的 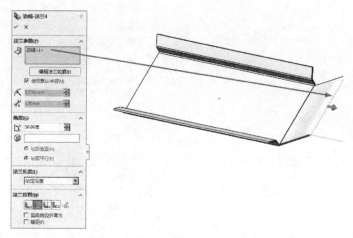【边线法兰】按钮，弹出属性管理器，按图 6-39 所示的参数进行设置，单击 ✓【确定】按钮，生成边线法兰特征。

图 6-39　生成边线法兰特征（4）

6.4.2　生成辅助部分

（1）单击【特征管理器设计树】中的【前视基准面】按钮，使其成为草图绘制平面。单击【标准视图】工具栏中的【正视于】按钮，并单击【草图】工具栏中的【草图绘制】按钮，进入草图绘制状态。使用【草图】工具栏中的【直线】、【智能尺寸】工具，绘制图 6-40 所示的草图。单击【退出草图】按钮，退出草图绘制状态。

（2）单击【特征】工具栏中的【切除 - 拉伸】按钮，弹出属性管理器，按图 6-41 所示的参数进行设置，单击 ✓【确定】按钮，生成拉伸切除特征。

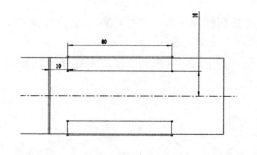

图 6-40　绘制草图并标注尺寸

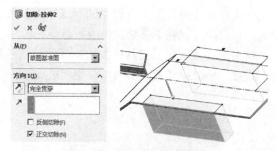

图 6-41　生成拉伸切除特征

（3）单击【钣金】工具栏中的【边线法兰】按钮，弹出属性管理器，按图 6-42 所示的参数进行设置，单击 ✓【确定】按钮，生成边线法兰特征。

（4）单击【钣金】工具栏中的【褶边】按钮，弹出属性管理器，按图 6-43 所示的参数进行设置，单击 ✓【确定】按钮，生成褶边特征。

（5）单击【钣金】工具栏中的【褶边】按钮，弹出属性管理器，按图 6-44 所示的参数进行设置，单击 ✓【确定】按钮，生成褶边特征。

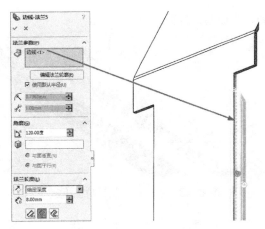

图 6-42 生成边线法兰特征

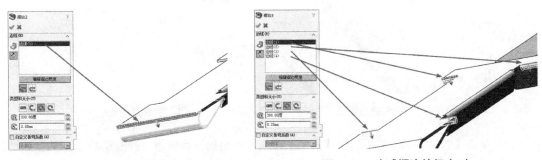

图 6-43 生成褶边特征（1） 图 6-44 生成褶边特征（2）

（6）选择【插入】|【钣金】|【成形工具】菜单命令，弹出属性管理器，按图 6-45 所示的参数进行设置，单击 ✓【确定】按钮，生成成形工具特征。

图 6-45 生成成形工具特征（1）

（7）选择【插入】|【钣金】|【成形工具】菜单命令，弹出属性管理器，按图 6-46 所示的参数进行设置，单击 ✓【确定】按钮，生成成形工具特征。

 注意 当为钣金生成自己的成形工具时，曲率的最小半径应大于钣金厚度。

（8）单击【钣金】工具栏中的 ◢【褶边】按钮，弹出属性管理器，按图 6-47 所示的参数进行设置，单击 ✓【确定】按钮，生成褶边特征。

（9）单击【特征】工具栏中的 ◉【圆角】按钮，弹出属性管理器，按图 6-48 所示的参数进行设置，单击 ✔【确定】按钮，生成圆角特征。

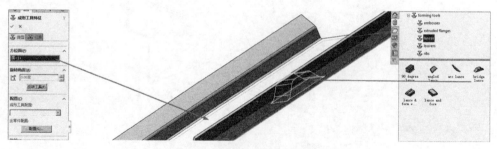

图 6-46 生成成形工具特征（2）

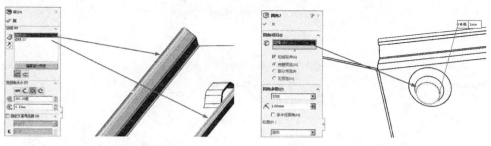

图 6-47 生成褶边特征 图 6-48 生成圆角特征（1）

（10）单击【特征】工具栏中的 ◉【圆角】按钮，弹出属性管理器，按图 6-49 所示的参数进行设置，单击 ✔【确定】按钮，生成圆角特征。

（11）单击【特征】工具栏中的 ◉【圆角】按钮，弹出属性管理器，按图 6-50 所示的参数进行设置，单击 ✔【确定】按钮，生成圆角特征。

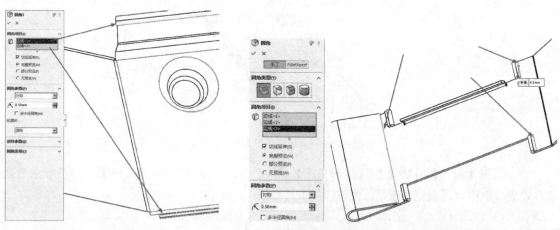

图 6-49 生成圆角特征（2） 图 6-50 生成圆角特征（3）

（12）单击【特征】工具栏中的 ▦【线性阵列】按钮，弹出属性管理器，按图 6-51 所示的参数进行设置，单击 ✔【确定】按钮，生成线性阵列特征。

（13）单击【特征】工具栏中的 ▦【线性阵列】按钮，弹出属性管理器，按图 6-52 所示的参数进行设置，单击 ✔【确定】按钮，生成线性阵列特征。

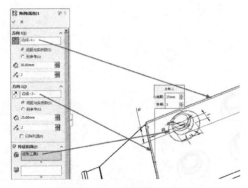

图 6-51　生成线性阵列特征（1）

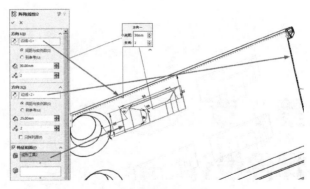

图 6-52　生成线性阵列特征（2）

第7章
焊件设计

焊件（通常称为型材）是铁或钢以及具有一定强度和韧性的材料（如塑料、铝、玻璃纤维等）通过轧制、挤出、铸造等工艺制成的具有一定几何形状的物体。普通型钢按其断面形状又可分为工字钢、槽钢、角钢、圆钢等。在 SolidWorks 中，运用【焊件】命令可以生成多种焊接类型的结构件组合。用户可以选用 SolidWorks 自带的标准结构件，也可以根据需要自己制作结构构件。本章主要介绍结构构件生成的方法、结构构件编辑的方法，以及自定义属性。

重点与难点

- 结构构件生成的方法

- 结构构件编辑的方法

- 自定义属性

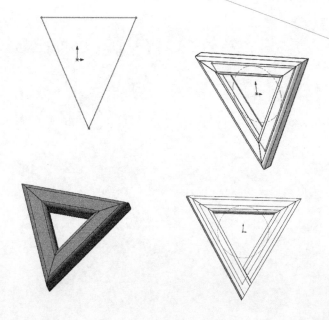

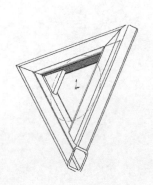

7.1 结构构件

在零件中生成第一个结构构件时，🔩【焊件】图标将被添加到特征管理器设计树中。结构构件包含以下属性。

- 结构构件都使用轮廓，比如角铁等。
- 轮廓由【标准】【类型】及【大小】等属性识别。
- 结构构件可以包含多个片段，但所有片段只能使用一个轮廓。
- 具有不同轮廓的多个结构构件可以属于同一个焊接零件。
- 在一个结构构件中的任何特定点处，只有两个实体才可以交叉。
- 结构构件生成的实体会出现在🗂【切割清单】文件夹下。
- 可以生成自己的轮廓，并将其添加到现有焊件的轮廓库中。
- 可以在【特征管理器设计树】的🗂【切割清单】文件夹下选择结构构件，并生成工程图中的切割清单。

7.1.1　结构构件的属性设置

单击【焊件】工具栏中的🔩【结构构件】按钮，或者选择【插入】|【焊件】|【结构构件】菜单命令，弹出图 7-1 所示的属性管理器。

图 7-1　【结构构件】属性管理器

【选择】选项组的介绍如下。

- 【标准】：选择先前定义的 iso、ANSI inch 或者自定义标准。
- 【Type】：选择轮廓类型。
- 【大小】：选择轮廓大小。
- 【组】：可以在图形区域中选择一组草图实体作为路径线段。

7.1.2　练习：生成结构构件

通过下列操作步骤，简单练习生成结构构件的方法。

（1）打开【配套数字资源 \ 第 7 章 \ 基本功能 \7.1.2】的实例素材文件，如图 7-2 所示。

（2）选择【插入】|【焊件】|【结构构件】菜单命令，弹出属性管理器。将图形区域草图中的 3 条直线按图 7-3 所示的参数进行设置，单击 ✔【确定】

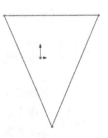

图 7-2　打开草图

按钮，生成结构构件，如图 7-4 所示。

图 7-3　设置属性管理器

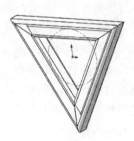

图 7-4　生成结构构件

7.2　剪裁 / 延伸

可以使用结构构件和其他实体剪裁结构构件，使其在焊件零件中正确对接。可以使用【剪裁 / 延伸】命令剪裁或者延伸两个在角落处汇合的结构构件、一个或者多个相对于另一实体的结构构件等。

7.2.1　剪裁 / 延伸的属性设置

选择【插入】|【焊件】|【剪裁 / 延伸】菜单命令，弹出图 7-5 所示的属性管理器。常用选项的介绍如下。

（1）【边角类型】选项组。

可以设置剪裁的边角类型，包括 【终端剪裁】、 【终端斜接】、 【终端对接 1】、 【终端对接 2】。

（2）【要剪裁的实体】选项组。

对于 【终端斜接】、 【终端对接 1】和 【终端对接 2】类型，选择要剪裁的一个实体；对于 【终端剪裁】类型，选择要剪裁的一个或者多个实体。

（3）【剪裁边界】选项组。

- 【面 / 平面】：使用平面作为剪裁边界。
- 【实体】：使用实体作为剪裁边界。

图 7-5　【剪裁 / 延伸】属性管理器

7.2.2　练习：运用剪裁工具

通过下列操作步骤，简单练习运用剪裁工具的方法。

（1）打开【配套数字资源 \ 第 7 章 \ 基本功能 \7.2.2】的实例素材文件，如图 7-6 所示。

（2）选择【插入】|【焊件】|【剪裁 / 延伸】菜单命令，弹出属性管理器，按图 7-7 所示的参数进行设置，单击 【确定】按钮，完成剪裁操作，如图 7-8 所示。

图 7-6　打开模型

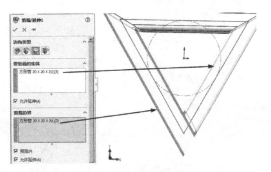

图 7-7　设置属性管理器

图 7-8　完成剪裁操作

7.3　圆角焊缝

可以在任何交叉的焊件实体（如结构构件、平板焊件或者角撑板等）之间添加全长、间歇或者交错的圆角焊缝。

7.3.1　圆角焊缝的属性设置

单击【焊件】工具栏中的 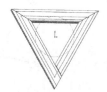 【圆角焊缝】按钮，或者选择【插入】|【焊件】|【圆角焊缝】菜单命令，弹出图 7-9 所示的属性管理器。常用选项的介绍如下。

- 【焊缝类型】下拉列表框：可以选择【全长】【间歇】【交错】焊缝类型。
- 【圆角大小】：设置焊缝圆角的数值。
- 【面组】：选取一个或多个平面。

7.3.2　练习：生成圆角焊缝

图 7-9　【圆角焊缝】属性管理器

通过下列操作步骤，简单练习生成圆角焊缝的方法。

（1）打开【配套数字资源 \ 第 7 章 \ 基本功能 \7.3.2】的实例素材文件，如图 7-10 所示。

（2）选择【插入】|【焊件】|【圆角焊缝】菜单命令，弹出属性管理器，按图 7-11 所示的参数进行设置，单击 ✔ 【确定】按钮，生成圆角焊缝，如图 7-12 所示。

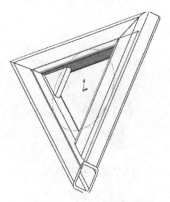

图 7-10 打开焊件模型

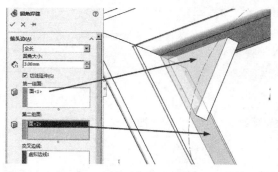

图 7-11 设置属性管理器

图 7-12 生成圆角焊缝

7.4 角撑板

角撑板可以加固两个交叉带平面的结构构件之间的区域。

7.4.1 角撑板的属性设置

选择【插入】|【焊件】|【角撑板】菜单命令，弹出图 7-13 所示的属性管理器。常用选项的介绍如下。

- 【选择面】：从两个交叉结构构件中选择相邻平面。
- 【反转轮廓 D1 和 D2 参数】：反转轮廓距离 1 和轮廓距离 2 之间的数值。
- 【多边形轮廓】：设置 4 个参数形成多边形。
- 【三角形轮廓】：设置 2 个参数形成三角形。

7.4.2 练习：生成角撑板

通过下列操作步骤，简单练习生成角撑板的方法。

（1）打开【配套数字资源 \ 第 7 章 \ 基本功能 \7.4.2】的实例素

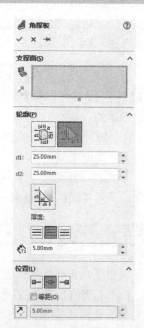

图 7-13 【角撑板】属性管理器

材文件，如图 7-14 所示。

图 7-14　打开焊件实体

（2）选择【插入】|【焊件】|【角撑板】菜单命令，弹出属性管理器，按图 7-15 所示的参数进行设置，单击 ✓【确定】按钮，生成角撑板的实体，如图 7-16 所示。

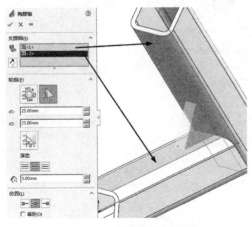

图 7-15　设置属性管理器

图 7-16　生成角撑板的实体

7.5 顶端盖

顶端盖特征可以在焊件的端部自动生成封口实体。

7.5.1 顶端盖的属性设置

选择【插入】|【焊件】|【顶端盖】菜单命令，弹出图 7-17 所示的属性管理器。

【参数】选项组中包含以下选项。

（1） 🗔【面】：选取一个或多个轮廓面。

（2）【厚度方向】：设定顶端盖的方向。

图 7-17　【顶端盖】属性管理器

- ● ▥【向外】：从结构向外延伸，这会增加结构的总长度。
- ● ▤【向内】：向结构内延伸，保留结构原始的总长度。
- ● ▥【内部】：将顶端盖以指定的等距距离放在结构构件内部。
（3） ▧【厚度】：设定盖的厚度。

7.5.2 练习：生成顶端盖

通过下列操作步骤，简单练习生成顶端盖的方法。
（1）打开【配套数字资源 \ 第 7 章 \ 基本功能 \ 7.5.2】的实例素材文件，如图 7-18 所示。

图 7-18 打开焊件实体

（2）选择【插入】|【焊件】|【顶端盖】菜单命令，弹出属性管理器，按图 7-19 所示的参数进行设置，单击 ✓【确定】按钮，生成顶端盖的实体，如图 7-20 所示。

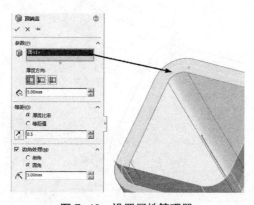

图 7-19 设置属性管理器

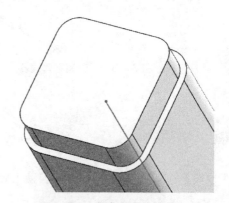

图 7-20 生成顶端盖的实体

7.6 焊缝

焊缝特征可以在两个实体的交线处生成焊缝实体。

7.6.1 焊缝的属性设置

选择【插入】|【焊件】|【焊缝】菜单命令，弹出图 7-21 所示的
属性管理器。常用选项的介绍如下。

（1）【焊接路径】选项组中包含以下几个选项。

● 🖈 【智能焊接选择工具】：将光标拖到要应用焊缝的位置。

● 【新焊接路径】：定义新的焊接路径。

（2）【设定】选项组中包含以下几个选项。

● 【焊接几何体】：提供两个选择框，焊缝起始点和焊缝终止点。

● 【焊接路径】：提供单个选择框，选择要焊接的面和边线。

● 🖻 【焊缝起始点】：要焊接单实体中的焊接起点。

● 🖻 【选择面或边线】：选择焊缝起始点和焊缝终止点的面或
边线。

● 🖻 【焊缝终止点】：与焊缝起始点所选的实体连接。

● 🖈 【焊缝大小】：设定焊缝的厚度。

● 【定义焊接符号】：将焊接符号附加到激活的焊缝中。

图 7-21 【焊缝】属性管理器

7.6.2 练习：生成焊缝

通过下列操作步骤，简单练习生成焊缝的方法。

（1）打开【配套数字资源 \ 第 7 章 \ 基本功能 \7.6.2】的实例素材文件，如图 7-22 所示。

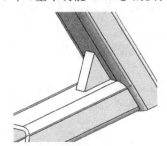

图 7-22 打开角撑板

（2）选择【插入】|【焊件】|【焊缝】菜单命令，弹出属性管理器，按图 7-23 所示的参数进
行设置，单击 ✔ 【确定】按钮，生成焊缝的实体，如图 7-24 所示。

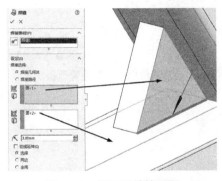

图 7-23 设置属性管理器

图 7-24 生成焊缝的实体

7.7 自定义焊件轮廓

可以生成自己的焊件轮廓，以便在生成焊件结构构件时使用。将轮廓创建为库特征零件，将其保存在一个自定义的位置即可。制作自定义焊件轮廓的步骤如下。

（1）绘制轮廓草图。当使用轮廓生成一个焊件结构构件时，草图的原点为默认穿透点，且可以选择草图中的任何顶点或者草图点作为交替穿透点。

（2）选择【文件】|【另存为】菜单命令，打开【另存为】对话框。

（3）在【保存在】框中选择【< 安装目录 >\data\weldment profiles】，选择或者生成一个适当的子文件夹，在【保存类型】框中选择【库特征零件（*.SLDLFP）】，输入文件名，单击【保存】按钮。

7.8 自定义属性

焊件切割清单包括项目号、数量及切割清单自定义属性。在焊件零件中，属性包含在使用库特征零件轮廓从结构构件所生成的切割清单项目中，包括【说明】【长度】【角度 1】【角度 2】等，可以将这些属性添加到切割清单项目中。修改自定义属性的步骤如下。

（1）在零件文件中，用鼠标右键单击【切割清单项目】按钮，在弹出的快捷菜单中选择【属性】选项，如图 7-25 所示。

（2）在【切割清单摘要】属性管理器中，设置【属性名称】【类型】和【数值 / 文字表达】，如图 7-26 所示。

（3）根据需要重复前面的步骤，然后单击【确定】按钮完成操作。

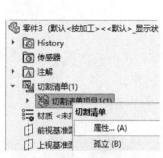

图 7-25 切割清单

图 7-26 【切割清单属性】属性管理器

7.9 焊件建模范例

下面利用一个具体范例来讲解焊件的建模步骤，最终效果如图 7-27 所示。

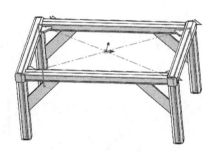

图 7-27 焊件模型

7.9.1 进入焊件绘制状态

（1）启动中文版 SolidWorks 软件，单击【标准】工具栏中的 □【新建】按钮，弹出【新建 SOLIDWORKS 文件】对话框，单击【零件】按钮，再单击【确定】按钮，生成新文件。

（2）单击【插入】工具栏中的【焊件】按钮，选择 □【草图绘制】按钮，再单击【前视基准面】按钮，进入草图绘制状态。在【特征管理器设计树】中单击【前视基准面】按钮，使其成为草图绘制平面。

7.9.2 绘制钣金

（1）单击【草图】工具栏中的 □【矩形】按钮，再单击【中心矩形】按钮，在所选的前视基准面上选中坐标原点单击，再向任意方向拖曳鼠标，在任意一点处单击形成一个矩形。单击鼠标右键，再单击【选择】按钮，完成矩形的绘制，如图 7-28 所示。

（2）单击【尺寸/几何关系】工具栏中的 ↖【智能尺寸】按钮，选择矩形的长，向上拖曳鼠标，单击以放置尺寸，输入长为【800】；选择矩形的宽，向右拖曳鼠标，单击以放置尺寸，输入宽为【500】，最后单击【确定】按钮，完成矩形尺寸的标注，如图 7-29 所示。

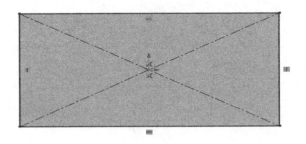

图 7-28 完成矩形的绘制

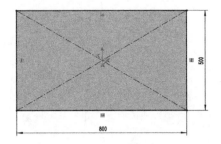

图 7-29 完成矩形尺寸的标注

（3）单击【退出草图】按钮，在工具栏右侧空白处单击鼠标右键，再单击【工具栏】选项卡下的 ⚙【焊件】按钮，如图 7-30 所示。此时，左侧的工具栏中将出现【焊件】的所有命令，如图 7-31 所示。

（4）按住鼠标中键将矩形草图旋转，选择【插入】|【3D 草图】菜单命令，单击 ⁄【直线】按钮，分别选中矩形的 4 个角，绘制 4 条与矩形垂直的直线，如图 7-32 所示。选中其中一条直线，再按住 Ctrl 键，依次选中其他 3 条直线，在弹出的工具栏里，选择【相等】命令，如图 7-33 所示。设置【相等】命令后的图形如图 7-34 所示。单击 ↖【智能尺寸】按钮，选择其中一条直线，输入距离【360】，再单击【智能尺寸】按钮，完成尺寸的标注。单击 ③D【3D 草图】按钮，退出 3D 草图的绘制。

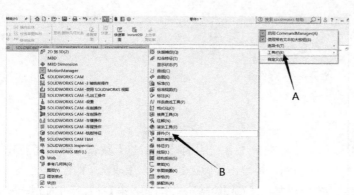

图 7-30　选择【焊件】

图 7-31　调出左侧【焊件】的所有命令

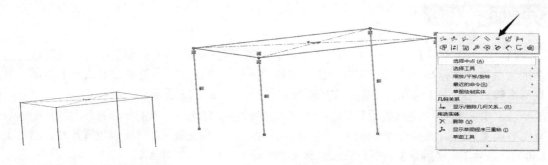

图 7-32　绘制 4 条与矩形垂直的直线

图 7-33　【相等】命令的设置

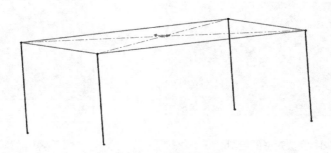

图 7-34　设置【相等】命令后的图形

（5）单击左侧工具栏中的 ⑩【结构构件】按钮，弹出属性管理器。在图形区域中选择矩形草图的 4 条直线，按图 7-35 所示的参数进行设置，单击 ✔【确定】按钮，完成结构构件的绘制，如图 7-36 所示。

（6）单击左侧工具栏中的 ⑩【结构构件】按钮，弹出属性管理器。单击图形区域中 3D 草图的 4 条直线，按图 7-37 所示的参数进行设置，单击 ✔【确定】按钮，完成结构构件的绘制，如图 7-38 所示。

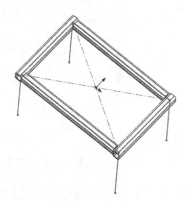

图 7-35 【结构构件】属性管理器（1）　　图 7-36 完成结构构件的绘制（1）

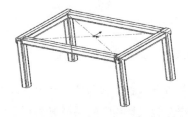

图 7-37 【结构构件】属性管理器（2）　　图 7-38 完成结构构件的绘制（2）

（7）单击 【剪裁 / 延伸】按钮，弹出属性管理器，按图 7-39 所示的参数进行设置，单击

✓【确定】按钮，完成剪裁 / 延伸。

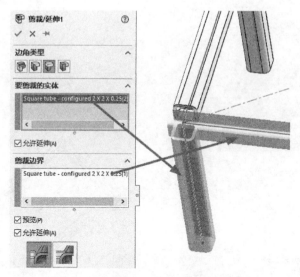

图 7-39　【剪裁 / 延伸】属性管理器

（8）重复以上步骤，将另外 3 个边角也完成剪裁 / 延伸。最终图形如图 7-40 所示。

（9）单击左侧工具栏中的 ⬚【角撑板】按钮，弹出属性管理器，按图 7-41 所示的参数进行设置，单击 ✓【确定】按钮，完成角撑板的绘制。

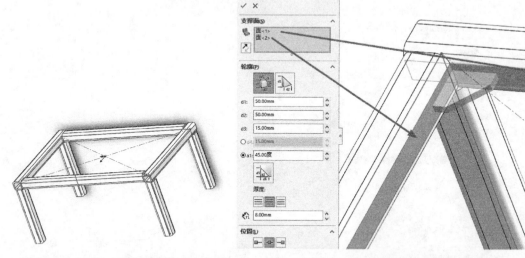

图 7-40　完成 4 个边角的剪裁 / 延伸　　　　　　　图 7-41　【角撑板】属性管理器

（10）重复以上步骤，将另外 3 个边角也完成角撑板的绘制。最终图形如图 7-42 所示。

（11）单击左侧工具栏中的 ⬚【角撑板】按钮，弹出属性管理器，按图 7-43 所示的参数进行设置，单击 ✓【确定】按钮，完成角撑板的绘制。

（12）重复以上步骤，将另外 3 个边角也完成角撑板的绘制。最终图形如图 7-44 所示。

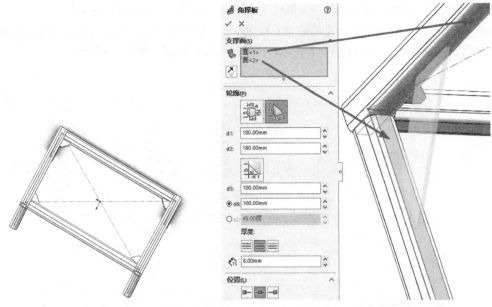

图 7-42　完成 4 个边角的角撑板的绘制（1）　　　　　图 7-43　【角撑板】属性管理器

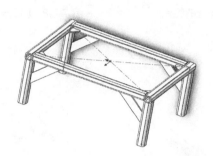

图 7-44　完成 4 个边角的角撑板的绘制（2）

（13）单击左侧工具栏中的 📄【焊缝】按钮，弹出属性管理器，按图 7-45 所示的参数进行设置，单击 ✔【确定】按钮，完成焊缝的绘制，如图 7-46 所示。

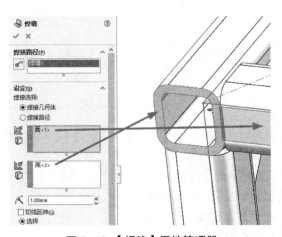

图 7-45　【焊缝】属性管理器

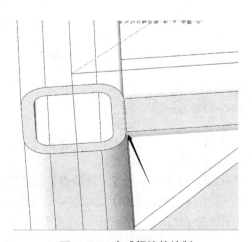

图 7-46　完成焊缝的绘制

（14）重复以上步骤，将另外 3 个边角也完成焊缝的绘制。最终图形如图 7-47 所示。

（15）单击左侧工具栏中的 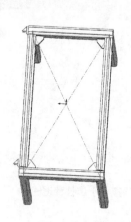 【顶端盖】按钮，弹出属性管理器，选择方钢的端面，按图 7-48 所示的参数进行设置，单击 ✓ 【确定】按钮，完成顶端盖的绘制，如图 7-49 所示。

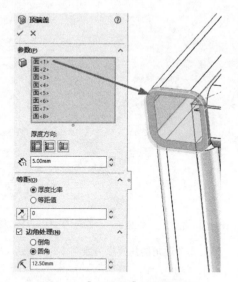

图 7-47　完成 4 个边角的焊缝的绘制　　　　　图 7-48　【顶端盖】属性管理器

图 7-49　完成 8 个顶端盖的绘制

7.9.3　干涉检查

（1）单击【评估】工具栏中的 【干涉检查】按钮，或者选择【工具】|【评估】|【干涉检查】菜单命令，弹出属性管理器。

（2）设置装配体的【干涉检查】属性管理器，如图 7-50 所示。

① 在【所选零部件】选项组中，系统默认选择整个装配体为检查对象。

② 在【选项】选项组中，勾选【使干涉零件透明】复选框。

③ 在【非干涉零部件】选项组中，选择【使用当前项】单选项。

图 7-50　【干涉检查】属性管理器

（3）完成上述操作之后，单击【所选零部件】选项组中的【计算】按钮，此时在【结果】选项组中显示检查结果，如图 7-51 所示。

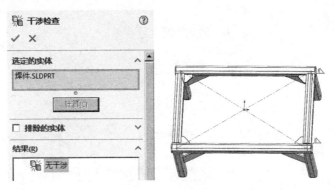

图 7-51　干涉检查结果

第8章
装配体设计

装配体设计是 SolidWorks 软件的三大功能之一，是将零件在软件环境中进行虚拟装配，并可进行相关的分析。SolidWorks 可以为装配体文件建立产品零件之间的配合关系，并具有干涉检查、爆炸视图和装配统计等功能。本章主要介绍装配体概述、建立配合、干涉检查、装配体统计、装配体中零部件的压缩状态、爆炸视图与轴测剖视图。

重点与难点

- 装配体概述

- 建立配合

- 干涉检查

- 装配体统计

- 装配体中零部件的压缩状态

- 爆炸视图

- 轴测剖视图

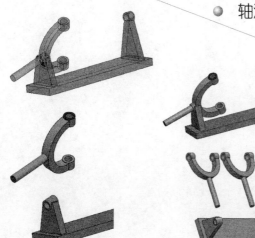

8.1　装配体概述

装配体可以生成由许多零部件所组成的复杂装配体，这些零部件可以是零件或者其他装配体（被称为子装配体）。对于大多数操作而言，零件和装配体的行为方式是相同的。当在 SolidWorks 中打开装配体时，将查找零部件文件以便在装配体中显示，同时零部件中的更改将自动反映在装配体中。

8.1.1　插入零部件

选择【文件】|【新建】菜单命令，单击【装配体】按钮。选择【插入】|【零部件】|【现有零件/装配体】菜单命令，装配体文件会在属性管理器的列表框中显示出来，如图 8-1 所示。

常用选项的说明如下。

（1）通过单击【要插入的零件/装配体】选项组中的【浏览】按钮打开现有零件文件。

（2）【选项】选项组。

- 【生成新装配体时开始命令】：当生成新装配体时，勾选以打开此属性设置。
- 【图形预览】：在图形区域中看到所选文件的预览。
- 【使成为虚拟】：使零部件成为虚拟零件。

在图形区域中单击，将零件添加到装配体。在默认情况下，装配体中的第一个零部件是固定的，但是可以随时使之浮动。

图 8-1　【插入零部件】属性管理器

8.1.2　建立装配体的方法

建立装配体有两种方法。

（1）自下而上的方法。

"自下而上"设计法是比较传统的方法。先设计零部件的造型，然后将其插入装配体中，使用配合定位零部件。如果需要更改零部件，必须单独编辑零部件，更改可以反映在装配体中。

"自下而上"设计法对于先前制造、现售的零部件，或者如金属器件、带轮、电动机等标准零部件而言属于优先技术。这些零部件不根据设计的改变而更改其形状和大小，除非选择不同的零部件。

（2）自上而下的方法。

在"自上而下"设计法中，零部件的形状、大小及位置可以在装配体中进行设计。"自上而下"设计法的优点是在发生设计更改时变动更少，零部件根据所生成的方法而自我更新。

用户可以在零部件的某些特征、完整零部件或者整个装配体中使用"自上而下"设计法。设计师通常在实践中使用"自上而下"设计法对装配体进行整体布局，并捕捉装配体特定的自定义零部件的关键环节。

8.2　建立配合

建立配合是在装配体零部件之间生成几何关系。当添加配合时，定义零部件线性或旋转运动所允许的方向，可在其自由度内移动零部件，从而直观地显示装配体的行为。

8.2.1 属性管理器选项说明

单击装配体工具栏中的 📎【配合】按钮，或者选择菜单栏中的【插入】【配合】命令，弹出图 8-2 所示的属性管理器。常用选项的介绍如下。

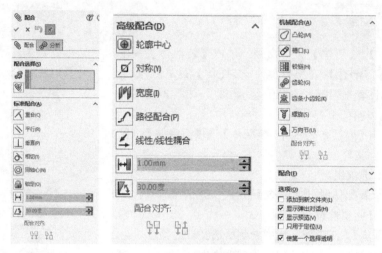

图 8-2 【配合】属性管理器

（1）【配合选择】选项组。
- ⚙【要配合的实体】：选择要配合在一起的面、边线、基准面等。
- ▨【多配合模式】：以单一操作将多个零部件与普通参考进行配合。

（2）【标准配合】选项组。
- ⦚【重合】：将所选面、边线及基准面定位，这样它们可以共享同一个基准面。
- ⟍【平行】：放置所选项，这样它们彼此间保持等间距。
- ⊥【垂直】：将所选项以垂直的方式放置。
- ⦚【相切】：将所选项以彼此间相切的方式放置。
- ◎【同轴心】：将所选项放置于同一中心线。
- 🔒【锁定】：保持两个零部件之间的相对位置和方向。
- ⊢【距离】：将所选项以彼此间指定的距离而放置。
- ⟁【角度】：将所选项以彼此间指定的角度而放置。

（3）【高级配合】选项组。
- ⦿【轮廓中心】：将矩形和圆形轮廓互相中心对齐，并完全定义组件。
- ⧆【对称】：迫使两个相同实体绕基准面或平面对称。
- ⧠【宽度】：将标签置于凹槽宽度内。
- ⦛【路径配合】：将零部件上所选的点约束到路径。
- ⦔【线性／线性耦合】：在一个零部件的平移和另一个零部件的平移之间建立几何关系。
- ⊢【距离限制】：允许零部件在距离配合的一定数值范围内移动。
- ⟁【角度限制】：允许零部件在角度配合的一定数值范围内移动。

（4）【机械配合】选项组。

- ⊘【凸轮】：迫使圆柱、基准面或点与一系列相切的拉伸面重合或相切。

- ⊘【槽口】：迫使滑块在槽口中滑动。

- ▥【铰链】：将两个零部件之间的移动限制在一定的旋转范围内。

- ⊘【齿轮】：强迫两个零部件绕所选轴彼此相对而旋转。

- ▦【齿条小齿轮】：一个零件（齿条）的线性平移引起另一个零件（齿轮）的周转。

- ▼【螺旋】：将两个零部件约束为同心，还在一个零部件的旋转和另一个零部件的平移之间添加纵倾几何关系。

- ▲【万向节】：一个零部件（输出轴）绕自身轴的旋转是由另一个零部件（输入轴）绕其轴的旋转驱动的。

8.2.2　配合方法注意事项

使用配合时，要注意以下几点。

- 只要有可能，将所有零部件配合到一个或两个固定的零部件或参考。

- 不生成环形配合，它们在以后添加配合时会导致配合冲突。

- 避免使用冗余配合，这些配合解出的时间更长。

- 尽量少使用限制配合，因为它们解出的时间更长。

- 一旦出现配合错误，尽快修复，添加配合不会解决先前的配合问题。

- 如果零部件引起问题，与其诊断每个配合，不如删除所有配合并重新创建，这样更容易。

- 当给具有关联特征的零件生成配合时，避免生成圆形参考。

8.3　干涉检查

在一个复杂的装配体中，如果用视觉检查零部件之间是否存在干涉的情况，是一件困难的事情。在 SolidWorks 中，装配体可以进行干涉检查。

8.3.1　属性管理器选项说明

单击【装配体】工具栏中的 ⊘【干涉检查】按钮，或者选择【工具】|【干涉检查】菜单命令，弹出图 8-3 所示的属性管理器。常用选项的介绍如下。

（1）【所选零部件】选项组。

- 【要检查的零部件】选择框：显示为干涉检查所选择的零部件。

- 【计算】：单击此按钮，检查干涉情况。

（2）【结果】选项组。

- 【忽略】【解除忽略】：为所选干涉在【忽略】和【解除忽略】模式之间进行转换。

- 【零部件视图】：按照零部件名称而非干涉标号显示干涉。

图 8-3　【干涉检查】属性管理器

8.3.2 练习：使用干涉检查

通过下列操作步骤，简单练习使用干涉检查的方法。

（1）打开【配套数字资源\第 8 章\基本功能\8.3.2】的实例素材文件。

（2）单击【评估】工具栏中的 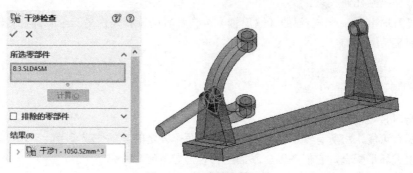 【干涉检查】按钮，或者选择【工具】|【评估】|【干涉检查】菜单命令，弹出属性管理器。

（3）单击【计算】按钮，此时在【结果】选项组中显示检查结果，如图 8-4 所示。

图 8-4　干涉检查结果

8.4　装配体统计

装配体统计可以在装配体中生成零部件和配合报告。

8.4.1　装配体统计的信息

在装配体界面中，选择【工具】|【评估】|【性能评估】菜单命令，弹出图 8-5 所示的对话框。

图 8-5　【性能评估】对话框

8.4.2　练习：生成装配体统计

通过下列操作步骤，简单练习生成装配体统计的方法。

（1）打开【配套数字资源\第 8 章\基本功能\8.4.2】的实例素材文件，如图 8-6 所示。

（2）单击【评估】工具栏中的 💠【性能评估】按钮，或者选择【工具】|【评估】|【性能评估】菜单命令，弹出图 8-7 所示的对话框。在【性能评估】对话框中，ⓘ图标下列出了装配体的所有相关统计信息。

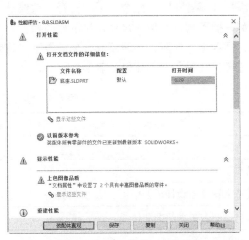

图 8-6　打开装配体　　　　　　　　　　图 8-7　【性能评估】对话框

8.5　装配体中零部件的压缩状态

根据某段时间的工作范围指定合适的零部件压缩状态，这样可以减少工作时装入和计算的数据量，也会使装配体的显示和重建速度更快，可以更有效地使用系统资源。

8.5.1　压缩状态的种类

装配体零部件共有 3 种压缩状态。

1. 还原

还原是装配体零部件的正常状态。完全还原的零部件会完全装入内存，可以使用所有功能及模型数据，并可以完全访问、选取、参考、编辑，以及在配合中使用其实体。

2. 压缩

（1）可以使用压缩状态暂时将零部件从装配体中移除（而不是删除），零部件不装入内存，也不再是装配体中有功能的部分，用户既无法看到压缩的零部件，也无法选择这个零部件的实体。

（2）一个压缩的零部件将被从内存中移除，所以装入速度、重建模型速度和显示性能均有提高，由于减少了复杂程度，其余的零部件计算速度会更快。

（3）压缩零部件包含的配合关系也被压缩，因此装配体中零部件的位置可能变为"欠定义"。

3. 轻化

用户可以在装配体中激活的零部件完全还原或者轻化时装入装配体，零件和子装配体都可以为轻化。

（1）当零部件完全还原时，其所有模型数据都被装入内存。

（2）当零部件为轻化时，只有部分模型数据被装入内存，其余的模型数据根据需要被装入。

零部件的完整模型数据只有在需要时才被装入，所以轻化零部件的效率很高。只有受当前编辑进程中所做更改影响的零部件才被完全还原，可以对轻化零部件不还原而进行多项装配体操作，包括添加（或者移除）配合、干涉检查、边线选择、零部件选择、碰撞检查、插入装配体特征、插入注解、插入测量、插入尺寸、显示截面属性、显示装配体参考几何体、显示质量属性、插入剖面视图、插入爆炸视图、物理模拟、高级显示（或隐藏）零部件等。

零部件 3 种状态的比较如表 8-1 所示。

表 8-1　零部件 3 种状态的比较

项目	还原	轻化	压缩	隐藏
装入内存	是	部分	否	是
可见	是	是	否	否
在【特征管理器设计树】中可以使用的特征	是	否	否	否
可以添加配合关系的面和边线	是	是	否	否
解出的配合关系	是	是	否	是
解出的关联特征	是	是	否	是
解出的装配体特征	是	是	否	是
在整体操作时考虑	是	是	否	是
可以在关联中编辑	是	是	否	否
装入和重建模型的速度	正常	较快	较快	正常
显示速度	正常	正常	较快	较快

8.5.2　压缩零件的方法

压缩零件的方法如下。

（1）在装配体界面中，在【特征管理器设计树】中用鼠标右键单击零部件名称，或者在图形区域中单击零部件。

（2）在弹出的菜单中选择【压缩】命令，选择的零部件将被压缩，在图形区域中该零件被隐藏。

8.6　爆炸视图

在制造时，经常需要分离装配体中的零部件以形象地分析它们之间的相互关系。

装配体的爆炸视图可以分离其中的零部件，以便查看该装配体。一个爆炸视图由一个或者多个爆炸步骤组成，每一个爆炸视图都保存在所生成的装配体配置中，而每一个配置都可以有一个爆炸视图。在爆炸视图中可以进行如下操作。

（1）自动将零部件制成爆炸视图。

（2）附加新的零部件到另一个零部件现有的爆炸步骤中。

（3）如果子装配体中有爆炸视图，则可以在更高级别的装配体中重新使用此爆炸视图。

8.6.1　属性管理器选项说明

单击【装配体】工具栏中的 【爆炸视图】按钮，或者选择【插入】|
【爆炸视图】菜单命令，弹出图 8-8 所示的属性管理器。常用选项的介
绍如下。

（1）【爆炸步骤】选项组。

【爆炸步骤】选择框：爆炸到单一位置的一个或者多个所选零部件。

（2）【设定】选项组。

- 【爆炸步骤的零部件】：显示当前爆炸步骤所选的零部件。
- 【爆炸方向】选择框：显示当前爆炸步骤所选的方向。
- 【反向】：改变爆炸的方向。
- 【爆炸距离】：设置当前爆炸步骤零部件移动的距离。
- 【角度】：设置当前爆炸步骤零部件移动的角度。
- 【离散轴】：按照轴线进行爆炸。
- 【应用】：单击以预览对爆炸步骤的更改。
- 【完成】：单击以完成新的或者已经更改的爆炸步骤。

图 8-8　【爆炸】属性管理器

8.6.2　练习：生成爆炸视图

通过下列操作步骤，简单练习生成爆炸视图的方法。

（1）打开【配套数字资源 \ 第 8 章 \ 基本功能 \8.6.3】的实例素材文件，如图 8-9 所示。

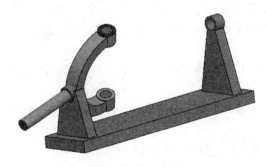

图 8-9　打开装配体

（2）单击【装配体】工具栏中的 【爆炸视图】按钮，或者选择【插入】| 【爆炸视图】菜
单命令，弹出属性管理器。

（3）按图 8-10 所示的参数进行设置，单击【添加阶梯】按钮，出现预览视图，再单击 【确定】
按钮，完成零部件的爆炸，爆炸效果如图 8-11 所示。

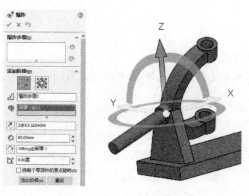

图 8-10　设置属性管理器

图 8-11　爆炸效果

8.7　轴测剖视图

隐藏零部件、更改零件透明度等是观察装配体模型的常用手段，但在许多产品中，零部件之间的空间关系非常复杂，具有多重嵌套关系，需要进行剖切才能观察到其内部结构。借助于SolidWorks 中的装配体特征可以实现轴测剖视图的功能。

8.7.1　属性管理器选项说明

在装配体界面中，选择【插入】|【装配体特征】|【切除】|【拉伸】菜单命令，弹出图 8-12 所示的属性管理器。常用选项的介绍如下。

【特征范围】选项组通过选择特征范围以选择应包含在特征中的实体，从而应用特征到一个或者多个实体零件中。具体选项的介绍如下。

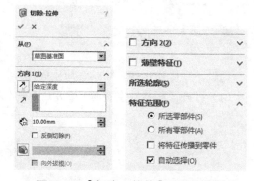

- 【所选零部件】：应用特征到选择的实体。
- 【所有零部件】：每次重新生成特征时，都要应用到所有的实体。
- 【将特征传播到零件】：将特征添加到零件文件中。

图 8-12　【切除 - 拉伸】属性管理器

- 【自动选择】：当以多实体零件生成模型时，特征将自动处理所有相关的交叉零件。

8.7.2　练习：生成轴测剖视图

通过下列操作步骤，简单练习生成轴测剖视图的方法。

（1）打开【配套数字资源 \ 第 8 章 \ 基本功能 \8.7.2】的实例素材文件，如图 8-13 所示。

（2）单击【特征管理器设计树】中的【草图 1】特征，使之处于被选择的状态。

（3）在装配体界面中，选择【插入】|【装配体特征】|【切除】|【拉伸】菜单命令，弹出属性管理器，按图 8-14 所示的参数进行设置，单击 ✓【确定】按钮，装配体将生成轴测剖视图，如图 8-15 所示。

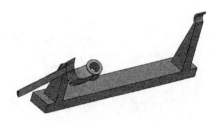

图 8-13　打开装配体　　图 8-14　设置属性管理器　　图 8-15　生成轴测剖视图

8.8　万向联轴器装配范例

本范例讲解万向节模型的装配过程，模型如图 8-16 所示。

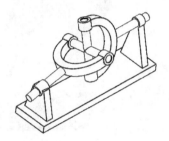

图 8-16　万向节模型

8.8.1　插入零件

（1）启动中文版 SolidWorks 软件，单击【标准】工具栏中的 🗋【新建】按钮，弹出【新建
SOLIDWORKS 文件】对话框，单击【装配体】按钮，如图 8-17 所示，再单击【确定】按钮。

图 8-17　新建装配体

（2）在【开始装配体】属性管理器中单击【浏览】按钮，选择【配套数字资源＼第 8 章＼范例

文件 \8.8\ 底座】文件，如图 8-18 所示，单击【打开】按钮，再单击 ✓【确定】按钮。在图形区域中单击以放置零件。

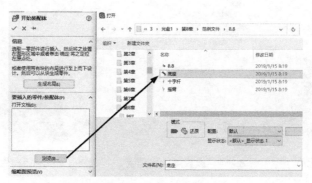

图 8-18　插入零件

（3）单击【装配体】工具栏中的 🖼【插入零部件】按钮，将装配体所需的所有零件放置在图形区域中，如图 8-19 所示。

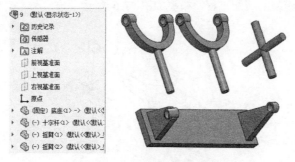

图 8-19　插入所有零件

> 📖 **注意**　使用 Ctrl+Tab 组合键循环进入在 SolidWorks 中打开的文件。

8.8.2　设置配合

（1）为了便于配合约束，需要将零部件进行旋转。单击【装配体】工具栏中 🖼【移动零部件】的 ▼ 下拉按钮，选择 🖼【旋转零部件】命令，弹出属性管理器，此时光标变为 🔄 形状，旋转至合适位置后单击 ✓【确定】按钮，效果如图 8-20 所示。

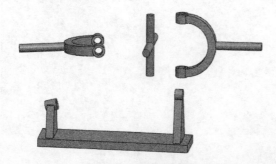

图 8-20　旋转零部件

注意

　　使用组合键也可以旋转模型。按 Ctrl 键加上方向键可以移动模型；按 Alt 键加上方向键可以将模型沿顺时针或逆时针方向旋转。

　　（2）单击【装配体】工具栏中的 【配合】按钮，弹出属性管理器。单击【标准配合】选项组中的 ◎【同轴心】按钮，在 【要配合的实体】选择框中，选择图 8-21 所示的面，其他保持默认，单击 ✓【确定】按钮，完成同轴配合。

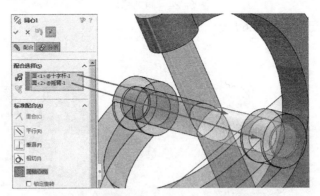

图 8-21　同轴配合（1）

　　（3）单击【装配体】工具栏中的 【配合】按钮，弹出属性管理器。单击【标准配合】选项组中的 ◎【同轴心】按钮，在 【要配合的实体】选择框中，选择图 8-22 所示的面，其他保持默认，单击 ✓【确定】按钮，完成同轴配合。

　　（4）单击【标准配合】选项组中的 ◎【同轴心】按钮，在 【要配合的实体】选择框中，选择图 8-23 所示的面，其他保持默认，单击 ✓【确定】按钮，完成同轴配合。

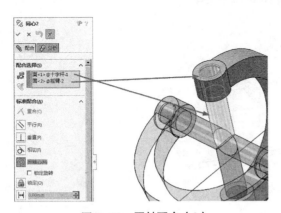

图 8-22　同轴配合（2）

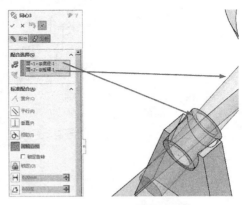

图 8-23　同轴配合（3）

　　（5）单击【标准配合】选项组中的 ◎【同轴心】按钮，在 【要配合的实体】选择框中，选择图 8-24 所示的面，其他保持默认，单击 ✓【确定】按钮，完成同轴配合。

　　（6）单击【标准配合】选项组中的 ⊢⊣【距离】按钮，在 【要配合的实体】选择框中，选择图 8-25 所示的面，在 ⊢⊣ 文本框中输入【15】，其他保持默认，单击 ✓【确定】按钮，完成距离配合。

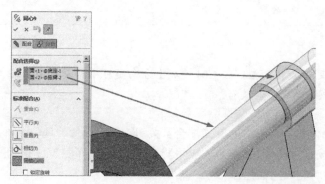

图 8-24 同轴配合

（7）完成后的装配体如图 8-26 所示。

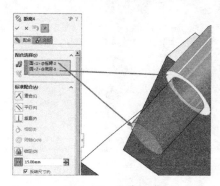

图 8-25 距离配合

图 8-26 完成装配体配合

8.9 机械配合装配范例

本范例将对一个机构施加机械配合，模型如图 8-27 所示。

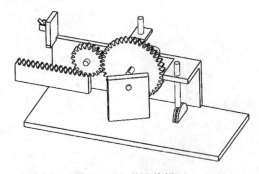

图 8-27 装配体模型

8.9.1 添加齿轮等配合

（1）启动中文版 SolidWorks 软件，选择【文件】|【新建】菜单命令，弹出【新建 SOLIDWORKS 文件】对话框，单击【装配体】按钮，再单击【确定】按钮。

（2）在【开始装配体】属性管理器中单击【浏览】按钮，选择【配套数字资源\第8章\范例

文件 \8.9\ 机架】文件,如图 8-28 所示,单击【打开】按钮,再单击 ✓【确定】按钮。

(3)单击将机架放在图形区域中合适的位置,如图 8-29 所示。

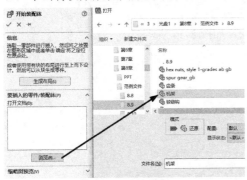

图 8-28 添加机架

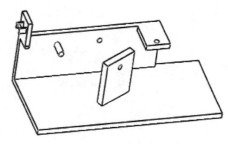

图 8-29 放置机架

 注意

装配体中所放入的第一个零部件会被默认成固定。若要移动它,在该零部件上单击,然后选择【浮动】选项。

(4)单击【装配体】工具栏中的 🖘【插入零部件】按钮,弹出属性管理器,单击【浏览】按钮,选择【配套数字资源 \ 第 8 章 \ 范例文件 \8.9\ 推杆 1】文件,单击【打开】按钮,再单击 ✓【确定】按钮。

(5)插入推杆 1 后的图形如图 8-30 所示。

(6)单击【装配体】工具栏中的 🖉【配合】按钮,弹出属性管理器。在 🞋【要配合的实体】选择框中,选择机架孔的圆柱面和推杆的圆柱面,此时【标准配合】选项组中会自动选择 🔘【同轴心】配合,如图 8-31 所示。

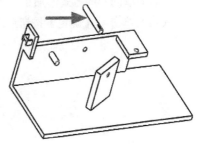

图 8-30 插入推杆 1

(7)单击 ✓【确定】按钮,完成同轴心配合。

(8)单击【高级配合】选项组中的 ☑【对称】按钮,在 🞋【要配合的实体】选择框中,选择推杆的两个端面,在【对称基准面】中选择机架的内表面,如图 8-32 所示,单击 ✓【确定】按钮,完成对称配合。

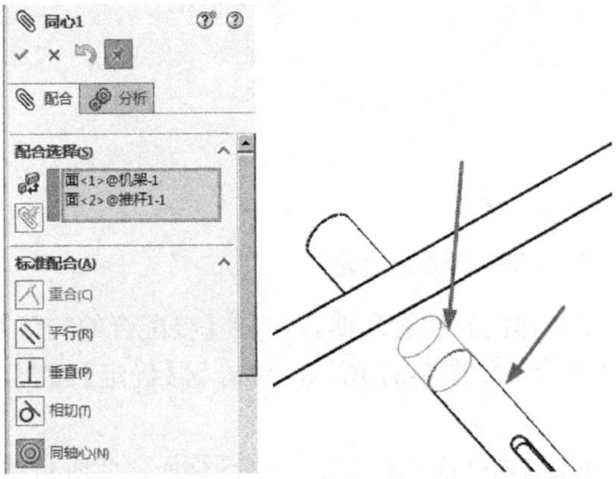

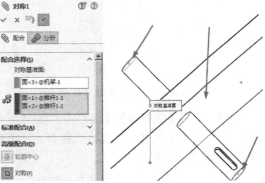

图 8-31 选择同轴心配合实体

图 8-32 选择对称配合实体

（9）在 ToolBox 零件库中打开【gb】文件夹，从该文件夹中找到【齿轮】文件夹，单击【正齿轮】选项，将其拖曳至装配体的合适位置后松开鼠标左键，此时在左侧会出现属性管理器，按图 8-33 所示的参数进行设置。

（10）单击 ✓【确定】按钮后添加了一个小齿轮，如图 8-34 所示。

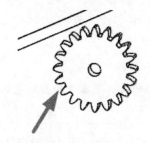

图 8-33　设置属性管理器（1）　　　　图 8-34　添加小齿轮

（11）以同样的方式添加第二个齿轮，【配置零部件】属性管理器的设置如图 8-35 所示。

（12）单击 ✓【确定】按钮后添加了一个大齿轮，如图 8-36 所示。

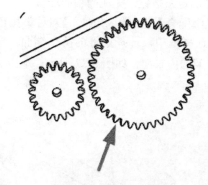

图 8-35　设置属性管理器（2）　　　　图 8-36　添加大齿轮

（13）单击【装配体】工具栏中的 ✎【配合】按钮，弹出属性管理器。在 🔩【要配合的实体】选择框中，选择两个齿轮的面，此时自动选择【重合】配合，如图 8-37 所示，单击 ✓【确定】按钮，完成面与面的重合配合。

（14）在 🔩【要配合的实体】选择框中，选择小齿轮的内孔面和机架的一个圆柱面，此时自动选择【同轴心】配合，如图 8-38 所示，单击 ✓【确定】按钮，完成同轴心配合。

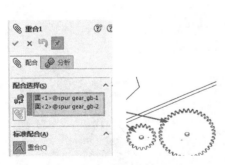

图 8-37 选择两个面（1）

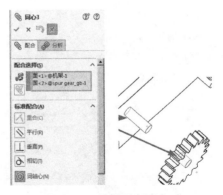

图 8-38 选择两个面（2）

（15）在 【要配合的实体】选择框中，选择大齿轮的内孔面和推杆的一个圆柱面，此时自动选择【同轴心】配合，如图 8-39 所示，单击 ✔【确定】按钮，完成同轴心配合。

（16）在【高级配合】选项组中，单击 【宽度】按钮，各个面的选择如图 8-40 所示，单击 ✔【确定】按钮，完成宽度配合。

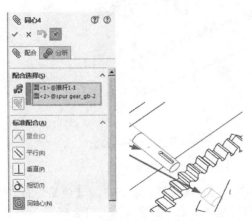

图 8-39 选择两个面（3）

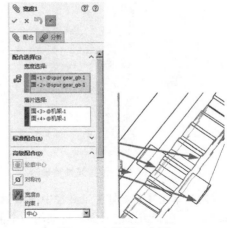

图 8-40 选择 4 个面

（17）在【机械配合】选项组中单击 【齿轮】按钮，选择齿轮内圆的两条边线，如图 8-41 所示，单击 ✔【确定】按钮，完成齿轮配合。

（18）在【标准配合】选项组中单击 【锁定】按钮，选择大齿轮和推杆，如图 8-42 所示，单击 ✔【确定】按钮，完成锁定配合，锁定之后齿轮将和推杆一起转动。

（19）在 ToolBox 零件库中打开【gb】文件夹，从该文件夹中找到【齿轮】文件夹，选择【齿条】选项，将其拖曳至装配体的合适位置后松开鼠标左键，此时在左侧会出现属性管理器，按图 8-43 所示的参数进行设置。

（20）单击 ✔【确定】按钮后添加了一个齿条，如图 8-44 所示。

📝 **注意**

如果将一个零件拖曳到装配体的特征管理器设计树中，它将以重合零件和装配体的原点方式放置，并且零件的各默认基准面将与装配体默认的各基准面对齐。

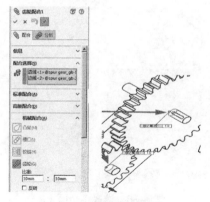

图 8-41　选择两条边线

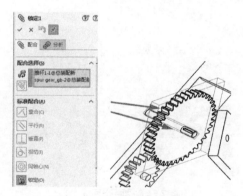

图 8-42　选择大齿轮和推杆

图 8-43　设置属性管理器

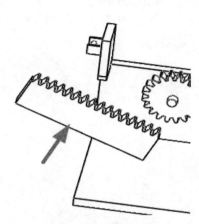

图 8-44　添加齿条

（21）单击【装配体】工具栏中的 🛇【配合】按钮，弹出属性管理器。在 🔲【要配合的实体】选择框中，选择齿条的底面和机架的一个面，此时自动选择【重合】配合，如图 8-45 所示，单击 ✔【确定】按钮，完成面与面的重合配合。

（22）单击【装配体】工具栏中的 🛇【配合】按钮，弹出属性管理器。在 🔲【要配合的实体】选择框中，选择齿条的外侧面和小齿轮的外侧面，此时自动选择【重合】配合，如图 8-46 所示，单击 ✔【确定】按钮，完成面与面的重合配合。

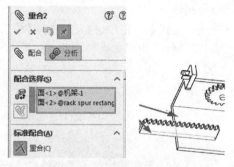

图 8-45　选择两个面（1）

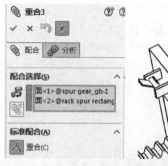

图 8-46　选择两个面（2）

（23）在【机械配合】选项组中单击 🔘【齿条小齿轮】按钮，在【配合】选项卡的 🔲【齿条】

选择框中选择齿条的边线，在【小齿轮 / 齿轮】选择框中选择齿轮的边线，如图 8-47 所示，单击 ✓【确定】按钮，完成齿条小齿轮的配合。

（24）单击【装配体】工具栏中的 ⊘【配合】按钮，弹出属性管理器。在【高级配合】选项组的 ⊬【距离】文本框中输入数值【100】，选择 Ⅰ【最大距离】配合，输入数值【100】；选择 ⨪【最小距离】配合，输入数值【10】，在 🔲【要配合的实体】选择框中，选择齿条的右侧面和机架的一个面，如图 8-48 所示，单击 ✓【确定】按钮，完成距离配合，拖曳活动钳身可在该距离范围内活动。

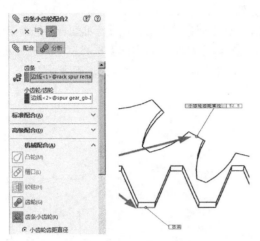

图 8-47　选择边线

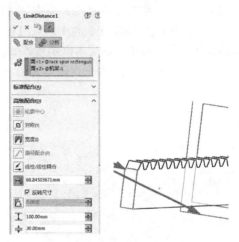

图 8-48　选择距离配合实体

（25）单击【装配体】工具栏中的 ⊡【插入零部件】按钮，弹出属性管理器，单击【浏览】按钮，选择【配套数字资源 \ 第 8 章 \ 范例文件 \8.9\ 铰链钩】文件，单击【打开】按钮，再单击 ✓【确定】按钮。

（26）单击【装配体】工具栏中的 ⊘【配合】按钮，弹出属性管理器。在【机械配合】选项组中单击 ⊞【铰链】按钮，在 🔲【同轴心选择】选择框中，选择机架上的圆柱面和铰链钩的内凹面，在 🔲【重合选择】选择框中，选择机架上的一个面和铰链钩的一个面，如图 8-49 所示，单击 ✓【确定】按钮，完成铰链配合。

（27）单击【装配体】工具栏中的 ⊘【配合】按钮，弹出属性管理器。在【高级配合】选项组的 △【角度】文本框中输入数值【135】，在 Ⅰ【最大角度】文本框中输入【135】，在 ⨪【最小角度】文本框中输入【45】，如图 8-50 所示，在 🔲【要配合的实体】选择框中，选择铰链钩的内表面和机架的一个面，单击 ✓【确定】按钮，完成角度配合。

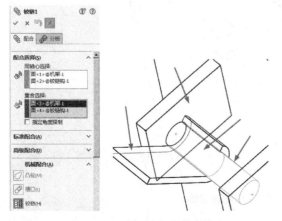

图 8-49　选择重合配合实体

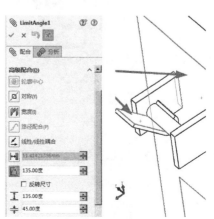

图 8-50　选择角度配合实体

8.9.2　添加万向节杆等配合

（1）单击【装配体】工具栏中的 💮【插入零部件】按钮，弹出属性管理器，单击【浏览】按钮，选择【配套数字资源\第8章\范例文件\8.9\万向节杆】文件，单击【打开】按钮，再单击✔【确定】按钮。

（2）单击【装配体】工具栏中的 🖐【配合】按钮，弹出属性管理器。在 🖳【要配合的实体】选择框中，选择机架中孔的圆柱面和万向节杆的圆柱面，在【标准配合】选项组中会自动选择 ◎【同轴心】配合，如图8-51所示，单击✔【确定】按钮，完成同轴心配合。

（3）单击【装配体】工具栏中的 🖐【配合】按钮，弹出属性管理器。在【标准配合】选项组中，单击 🖱【距离】按钮，在文本框中输入数值【23】，在 🖳【要配合的实体】选择框中，选择机架的一个面和万向节杆的一个面，如图8-52所示，单击✔【确定】按钮，完成距离配合。

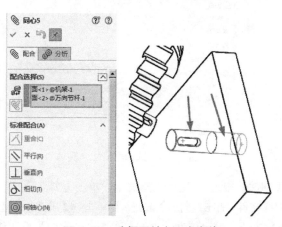

图8-51　选择同轴心配合实体

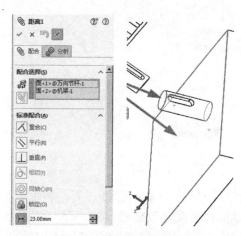

图8-52　选择距离配合实体

（4）单击【装配体】工具栏中的 🖐【配合】按钮，弹出属性管理器。在【机械配合】选项组中单击 🏠【万向节】按钮，如图8-53所示，在 🖳【要配合的实体】中选择推杆的圆柱面和万向节杆的圆柱面，单击✔【确定】按钮，完成万向节配合。

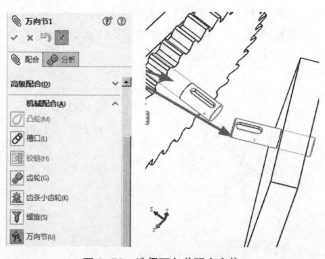

图8-53　选择万向节配合实体

（5）单击【装配体】工具栏中的 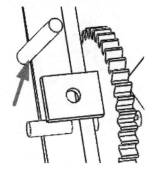【插入零部件】按钮，弹出属性管理器，单击【浏览】按钮，选择【配套数字资源 \ 第 8 章 \ 范例文件 \8.9\ 支撑板】文件，单击【打开】按钮，再单击 ✓【确定】按钮，在机架的合适位置固定该支撑板。

（6）单击【装配体】工具栏中的 【插入零部件】按钮，弹出属性管理器，单击【浏览】按钮，选择【配套数字资源 \ 第 8 章 \ 范例文件 \8.9\ 凸轮推杆 2】文件，单击【打开】按钮，再单击 ✓【确定】按钮。

（7）插入凸轮推杆 2 后的图形如图 8-54 所示。

（8）单击【装配体】工具栏中的 【配合】按钮，弹出属性管理器。在 【要配合的实体】选择框中，选择支撑板的圆柱孔面和凸轮推杆 2 的圆柱面，在【标准配合】选项组中会自动选择【同轴心】配合，如图 8-55 所示，单击 ✓【确定】按钮，完成同轴心配合。

图 8-54 插入凸轮推杆 2

（9）单击【装配体】工具栏中的 【插入零部件】按钮，弹出属性管理器，单击【浏览】按钮，选择【配套数字资源 \ 第 8 章 \ 范例文件 \8.9\ 凸轮】文件，单击【打开】按钮，再单击 ✓【确定】按钮。

（10）插入凸轮后的图形如图 8-56 所示。

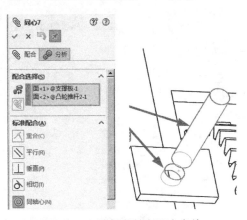

图 8-55 选择同轴心配合实体

图 8-56 插入凸轮

（11）单击【装配体】工具栏中的 【配合】按钮，弹出属性管理器。在 【要配合的实体】选择框中，选择推杆的圆柱面和凸轮的圆柱孔，在【标准配合】选项组中会自动选择【同轴心】配合，如图 8-57 所示，单击 ✓【确定】按钮，完成同轴心配合。

（12）单击【装配体】工具栏中的 【配合】按钮，弹出属性管理器。在【标准配合】选项组中单击【锁定】按钮，在 【要配合的实体】选择框中，选择凸轮和推杆，如图 8-58 所示，单击 ✓【确定】按钮，完成锁定配合，锁定之后凸轮和推杆是一个整体。

（13）单击【装配体】工具栏中的 【配合】按钮，弹出属性管理器。在【机械配合】选项组中单击【凸轮】按钮，在 【凸轮槽】选择框中，选择凸轮的柱面，在 【凸轮推杆】选择框中，选择凸轮推杆的下表面，如图 8-59 所示，单击 ✓【确定】按钮，完成凸轮配合。

（14）在 ToolBox 零件库中打开【gb】文件夹，从该文件夹中找到【六角螺母】文件夹，选择【1型六角螺母】选项，将其拖曳至装配体的合适位置松开鼠标左键，此时在左侧会出现属性管理器，按图 8-60 所示的参数进行设置。

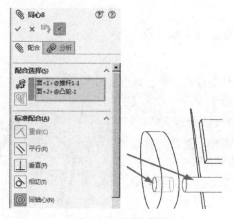

图 8-57　选择同轴心配合实体

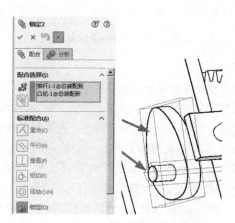

图 8-58　选择凸轮和推杆

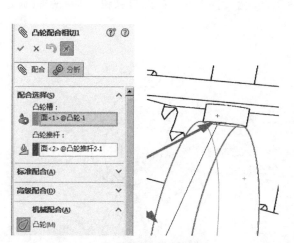

图 8-59　选择凸轮配合实体

图 8-60　设置属性管理器

（15）单击 ✓【确定】按钮后添加了一个六角螺母，如图 8-61 所示。

（16）单击【装配体】工具栏中的 🔗【配合】按钮，弹出属性管理器。在 🔗【要配合的实体】选择框中，选择推杆的圆柱面和螺母的圆柱面，在【标准配合】选项组中会自动选择 ◎【同轴心】配合，如图 8-62 所示，单击 ✓【确定】按钮，完成同轴心配合。

（17）单击【装配体】工具栏中的 🔗【配合】按钮，弹出属性管理器。在【机械配合】选项组中单击 🔧【螺旋】按钮，在 🔗【要配合的实体】选择框中，选择推杆的圆柱面和螺母的边线，并设置【距离 / 圈数】为【1】，如图 8-63 所示，单击 ✓【确定】按钮，完成螺旋配合。

（18）螺旋配合将两个零部件约束为同心，还在一个零部件的旋转和另一个零部件的平移之间添加纵倾几何关系。一个零部件沿轴方向的平移会根据纵倾几何关系引起另一个零部件的旋转。同样，一个零部件的旋转可引起另一个零部件的平移。完成螺旋配合的推杆和螺母，推杆的旋转会引起螺母的平移，如图 8-64 所示；螺母的平移会引起推杆的旋转，如图 8-65 所示。

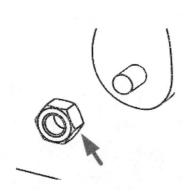

图 8-61　添加六角螺母

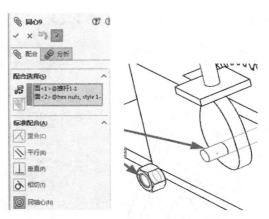

图 8-62　选择同轴心配合实体

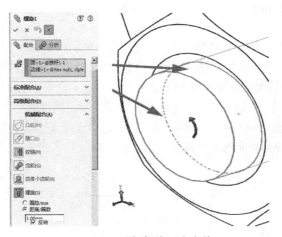

图 8-63　选择螺旋配合实体

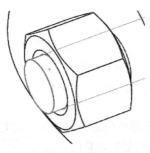

图 8-64　推杆旋转

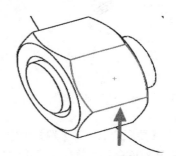

图 8-65　螺母平移

（19）单击【装配体】工具栏中的 【插入零部件】按钮，弹出属性管理器，单击【浏览】按钮，选择【配套数字资源 \ 第 8 章 \ 范例文件 \8.9\ 凸轮推杆】文件，单击【打开】按钮，再单击 ✔【确定】按钮。

（20）在【装配体】工具栏中单击 ☑【旋转零部件】按钮，将凸轮推杆旋转至合适的位置，如图 8-66 所示。

（21）单击【装配体】工具栏中的 ✎【配合】按钮，弹出属性管理器。在 ☑【要配合的实体】选择框中，选择机架的一个圆柱面和凸轮推杆的圆柱面，在【标准配合】选项组中会自动选择 ◎

【同轴心】配合，如图 8-67 所示，单击 ✓ 【确定】按钮，完成同轴心配合。

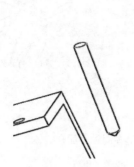

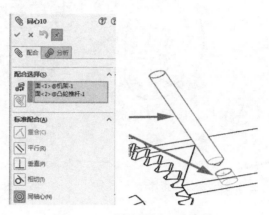

图 8-66　旋转推杆　　　　　　　　图 8-67　选择同轴心配合实体

（22）单击【装配体】工具栏中的 ⚙️【插入零部件】按钮，弹出属性管理器，单击【浏览】按钮，选择【配套数字资源\第8章\范例文件\8.9\凸轮3】文件，单击【打开】按钮，再单击【确定】按钮。

（23）插入凸轮 3 后的图形如图 8-68 所示。

（24）单击【装配体】工具栏中的 🔗【配合】按钮，弹出属性管理器。在 📇【要配合的实体】选择框中，选择机架上表面和凸轮 3 的下表面，此时自动选择【重合】配合，如图 8-69 所示，单击 ✓ 【确定】按钮，完成面与面的重合配合。

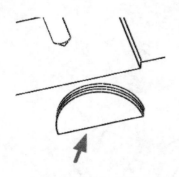

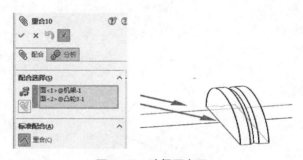

图 8-68　插入凸轮 3　　　　　　　　图 8-69　选择两个面

（25）在 📇【要配合的实体】选择框中，选择机架上表面和凸轮 3 的边线，此时自动选择【垂直】配合，如图 8-70 所示，单击 ✓ 【确定】按钮，完成线与面的垂直配合。

（26）在【高级配合】选项组中单击 📐【路径配合】按钮，在 📇【要配合的实体】选择框中，选择凸轮推杆的一个顶点，在【路径选择】选择框中选择凸轮 3 的内凹线，如图 8-71 所示。

（27）单击 ✓ 【确定】按钮后完成路径配合，点将沿着这条凹线运动，初始位置如图 8-72 所示，运动后的位置如图 8-73 所示。

（28）选择【工具】|【评估】|【干涉检查】菜单命令，弹出图 8-74 所示的属性管理器。在没有选择任何零件的条件下，系统将使用整个装配体进行干涉检查，单击【计算】按钮。

（29）检查结果如图 8-75 所示，检查的结果列在【结果】列表中，可以看到装配体中存在 6 处干涉现象。

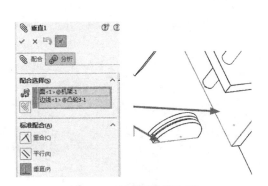

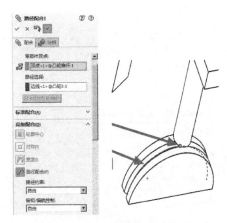

图 8-70　选择边线和面　　　　　　　　　　　图 8-71　选择路径配合实体

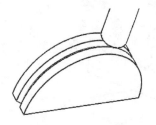

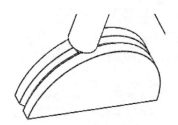

图 8-72　初始位置　　　　　　　　　　　图 8-73　运动后的位置

（30）在【结果】列表中选择一项干涉，可以在图形区域中查看存在干涉的零件和部位，如图 8-76
所示。

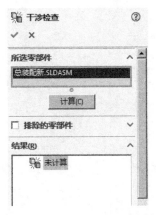

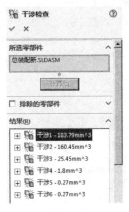

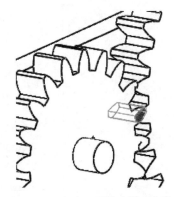

图 8-74　【干涉检查】属性管理器　　　　图 8-75　检查结果　　　　图 8-76　存在干涉的零件和部位

（31）选择【工具】|【评估】|【质量属性】菜单命令，弹出对话框，系统将根据零件材料属性
的设置和装配单位的设置，计算装配体的各种质量特性，如图 8-77 所示。

（32）在图形区域中显示了装配体的重心位置，重心位置的坐标以装配体的原点为零点，如
图 8-78 所示。单击【关闭】按钮完成计算。

（33）选择【工具】|【评估】|【性能评估】菜单命令，弹出对话框。在【性能评估】对话框
中显示了零件或子装配体的统计信息，如图 8-79 所示。

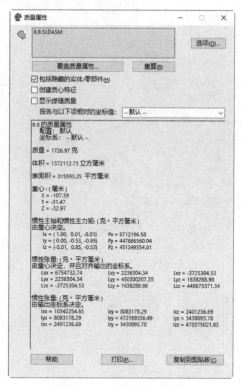

图 8-77　计算质量特性

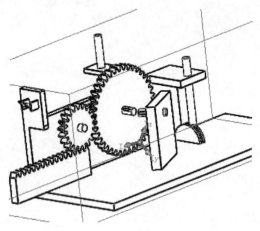

图 8-78　重心位置

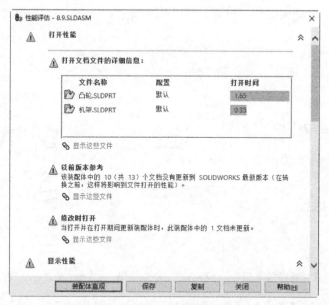

图 8-79　零件或子装配体的统计信息

（34）选择【文件】|【打包】菜单命令，弹出图 8-80 所示的对话框，在【保存到文件夹】文本框中指定要保存文件的目录，也可以单击【浏览】按钮查找目录位置。如果希望将打包的文件直接保存为压缩文件 *.zip，选择【保存到 Zip 文件】单选按钮，并指定压缩文件的名称和目录即可。

图 8-80　装配体文件打包

8.10　装配体高级配合应用范例

本实例主要介绍配合当中高级配合的应用，装配体模型如图 8-81 所示。

8.10.1　重合配合

（1）启动中文版 SolidWorks 软件，单击【标准】工具栏中的 【新建】按钮，弹出【新建 SOLIDWORKS 文件】对话框，单击【装配体】按钮，如图 8-82 所示，再单击【确定】按钮。

图 8-81　装配体模型

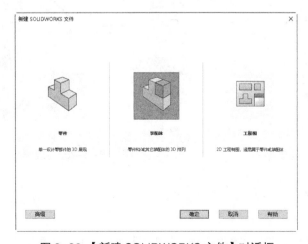

图 8-82　【新建 SOLIDWORKS 文件】对话框

（2）打开【插入零部件】属性管理器，单击【浏览】按钮，选择零件1，如图8-83所示，单击【打开】按钮，再单击✔【确定】按钮。选择【文件】|【另存为】菜单命令，弹出【另存为】对话框，在【文件名】文本框中输入装配体名称【高级配合应用】，单击【保存】按钮。

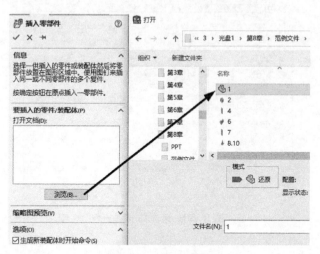

图8-83　插入零件1

（3）用鼠标右键单击零件1，在快捷菜单中选择【浮动】命令，此时零件由固定状态变为浮动状态，零件1前出现（-）图标，如图8-84所示。

（4）单击【装配体】工具栏中的⊗【配合】按钮，弹出属性管理器。激活【标准配合】选项组中的✕【重合】配合。单击▶按钮，展开特征管理器设计树，在⏚【要配合的实体】选择框中，选择图8-85所示的前视基准轴和零件表面，其他保持默认，单击✔【确定】按钮，完成重合的配合。

图8-84　浮动基体零件

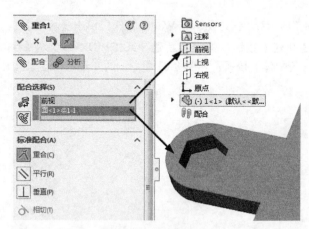

图8-85　重合配合

8.10.2　宽度配合

（1）单击【装配体】工具栏中的🗐【插入零部件】按钮，弹出属性管理器。单击【浏览】按钮，选择子零件7，单击【打开】按钮，再单击✔【确定】按钮，在图形区域的合适位置单击，插入零件 7，如图 8-86 所示。

（2）单击【装配体】工具栏中的 ✎【配合】按钮，弹出属性管理器。激活【标准配合】选项组中的 ⋏【重合】配合。单击 ▶ 按钮，展开特征管理器设计树，在 ⬚【要配合的实体】选择框中，选择图 8-87 所示的零件表面，其他保持默认，单击 ✔【确定】按钮，完成重合的配合。

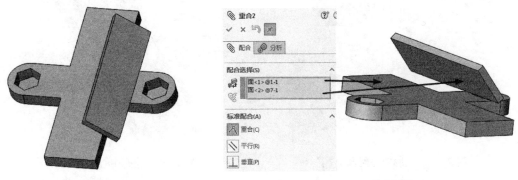

图 8-86 插入零件 7　　　　　　　　　　　　　图 8-87 重合配合

（3）在【宽度】属性管理器下，激活【高级配合】选项组中的 ⑪【宽度】配合，在【约束】下拉菜单中选择【中心】，在 ⬚【要配合的实体】选择框中，选择零件 1 的两个侧面，在【薄片选择】选择框中，选择零件 7 的两个侧面，如图 8-88 所示，其他保持默认，单击 ✔【确定】按钮，完成宽度的配合。

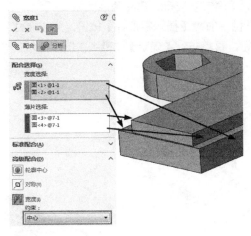

图 8-88 宽度配合

8.10.3 轮廓中心配合

（1）单击【装配体】工具栏中的 ➦【插入零部件】按钮，弹出属性管理器。单击【浏览】按钮，选择零件 2，单击【打开】按钮，再单击 ✔【确定】按钮，在图形区域的合适位置单击，插入零件 2；重复插入零件 2 的步骤，插入两个零件 2，效果如图 8-89 所示。

（2）单击【装配体】工具栏中的 ✎【配合】按钮，弹出属性管理器。激活【高级配合】选项组中的 ⑩【轮廓中心】配合，在 ⬚【要配合的实体】选择框中，选择零件【2<1>】的下表面和零件 1 左侧

图 8-89 插入两个零件 2

凹槽的底面，如图 8-90 所示，其他保持默认，单击 ✓【确定】按钮，完成轮廓中心的配合。

（3）采用与（2）同样的步骤，完成零件【2<2>】和零件 1 右侧凹槽的轮廓中心配合，如图 8-91 所示。

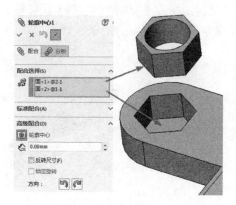

图 8-90　轮廓中心配合（1）

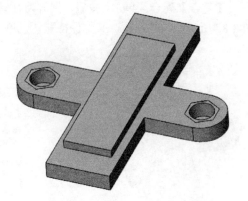

图 8-91　轮廓中心配合（2）

8.10.4　对称配合

（1）单击【装配体】工具栏中的 【参考几何体】按钮，在下拉菜单中选择【基准面】，弹出属性管理器。在【第一参考】与【第二参考】的选择框中，分别选择零件 1 的两个侧面，如图 8-92 所示，其他保持默认，单击 ✓【确定】按钮，建立基准面。

（2）单击【装配体】工具栏中的 【插入零部件】按钮，弹出属性管理器。单击【浏览】按钮，选择零件 4，单击【打开】按钮，再单击 ✓【确定】按钮，在图形区域的合适位置单击，插入零件 4，如图 8-93 所示。

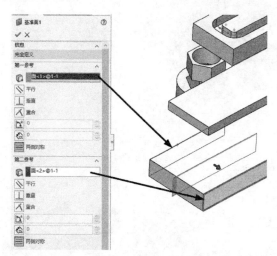

图 8-92　建立基准面

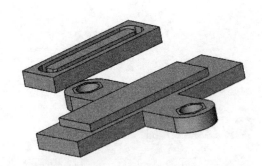

图 8-93　插入零件 4

（3）单击【装配体】工具栏中的 【配合】按钮，弹出属性管理器。激活【高级配合】选项组中的 【对称】配合，单击 ▶ 按钮，展开特征管理器设计树，在【对称基准面】选择框中，选择【基准面 1】，在 【要配合的实体】选择框中，选择零件 4 的两个侧面，如图 8-94 所示，其他保持默认，单击 ✓【确定】按钮，完成对称配合。

（4）单击【装配体】工具栏中的 【配合】按钮，弹出属性管理器。激活【标准配合】选项组

中的 ⋏【重合】配合，在 ╝【要配合的实体】选择框中，选择零件 7 的上表面和零件 4 的下表面，如图 8-95 所示，其他保持默认，单击 ✓【确定】按钮，完成重合配合。

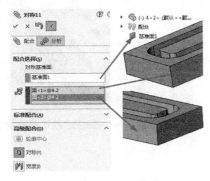

图 8-94　对称配合

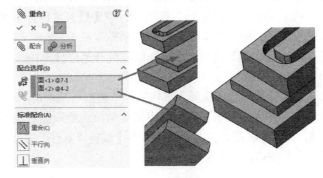

图 8-95　重合配合

8.10.5　线性耦合配合

　　单击【装配体】工具栏中的 ◈【配合】按钮，弹出属性管理器。激活【高级配合】选项组中的 ◢【线性 / 线性耦合】配合，在 ╝【要配合的实体】选择框中，选择图 8-96 所示的面，将【比率】改为【1∶2】，这样零件 7 和零件 4 运动时的比率即为 1∶2，其他保持默认，单击 ✓【确定】按钮，完成线性耦合配合。

8.10.6　路径配合

　　（1）路径配合需要选择一条运动路径，此处先在零件上绘制一条运动轨迹，为路径配合做好准备。选中零件 4，单击【装配体】工具栏中的 ◈【编辑零部件】按钮，即可对零件 4 进行编辑，如图 8-97 所示。

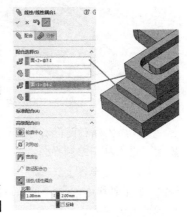

图 8-96　线性耦合配合

　　（2）用鼠标右键单击零件 4 的表面，在弹出的菜单栏中单击 ┖【草图绘制】按钮，进入草图绘制界面。按住 Ctrl 键，连续选中零件 4 中间凸台的全部边线，单击【草图】工具栏的 ┗【等距实体】按钮，在 ⛊【等距距离】文本框中输入【5】，其他保持默认，单击 ✓【确定】按钮，完成等距曲线的绘制，这条曲线即为运动轨迹，位于导轨中央，如图 8-98 所示。

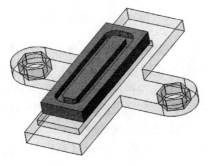

图 8-97　编辑零件 4

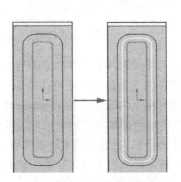

图 8-98　绘制等距曲线

（3）单击【草图】工具栏中的 🔄【退出草图】按钮，退出草图
的绘制。再次单击 🔗【编辑零部件】按钮，退出零件 4 的编辑。此
时可以看到零件 4 的导轨中央有一条闭合曲线，如图 8-99 所示。

（4）单击【装配体】工具栏中的 ☞【插入零部件】按钮，弹出
属性管理器。单击【浏览】按钮，选择零件 6，单击【打开】按钮，
再单击 ✓【确定】按钮，在图形区域的合适位置单击，插入零件 6，
如图 8-100 所示。

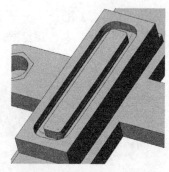

图 8-99　完成运动轨迹的绘制

（5）路径配合即选择零部件的一个顶点与某条运动轨迹相配合，
此前已绘制好运动轨迹，现在根据运动轨迹绘制相应的点。选中零
件 6，单击【装配体】工具栏中的 🔗【编辑零部件】按钮，即可对零
件 6 进行编辑，如图 8-101 所示。

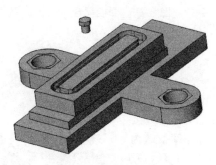

图 8-100　插入零件 6

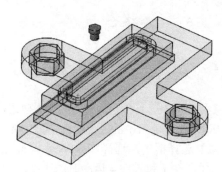

图 8-101　编辑零件 6

（6）用鼠标右键单击零件 6 的下表面，在弹出的菜单栏中单击 🔲【草图绘制】按钮，如图 8-102
所示，进入草图绘制界面。

（7）在【草图】工具栏中单击 ▫【点】按钮，选取图 8-103 所示的圆的中心并绘制圆点，单击
【草图】工具栏中的 🔄【退出草图】按钮，退出草图的绘制。再次单击 🔗【编辑零部件】按钮，退
出零件 6 的编辑。

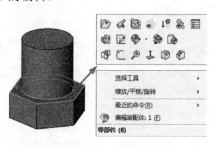

图 8-102　草图绘制

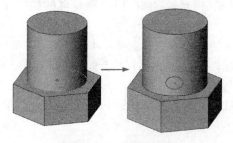

图 8-103　绘制圆点

（8）单击【装配体】工具栏中的 ▧【配合】按钮，弹出属性管理器。激活【高级配合】选项组
中的 ⌒【路径配合】配合，在 ⌗【要配合的实体】选择框中，选择步骤（7）创建的点，单击【路
径选择】选择框下的【SelectionManager】按钮，在弹出的选项栏中单击 ▢【选择闭环】按钮，单
击选中绘制的闭合曲线，然后单击选项栏中的 ✓【确定】按钮；在【俯仰 / 偏航控制】选择框中选
择【随路径变化】，并选择【Y】单选项；在【滚转控制】选择框中选择【上向量】，在【上向量】
选择框中选择零件 7 的表面，如图 8-104 所示；单击【Z】单选项，并选择【反转】，其他保持默认，
单击 ✓【确定】按钮，完成路径配合。

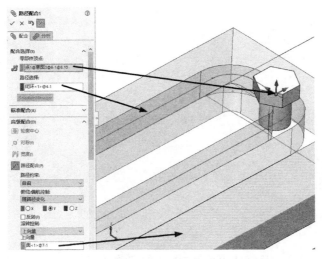

图 8-104　路径配合

8.10.7　查看约束情况

（1）在装配体的特征管理器设计树中单击【配合】前的按钮 ▶，可以查看图 8-105 所示的配合类型。

（2）在特征管理器设计树中双击零件 4 前的 按钮，展开零件 4 的特征管理器设计树，用鼠标右键单击运动轨迹所在的草图 4，在弹出的菜单栏中单击 【隐藏】按钮，如图 8-106 所示，将运动轨迹隐藏。用同样的操作将在零件 6 中创建的点隐藏。

（3）装配体配合完成后如图 8-107 所示。

图 8-105　查看装配体配合

图 8-106　隐藏草图

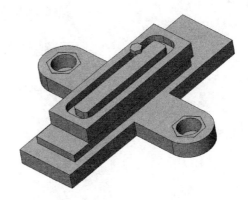

图 8-107　完成装配体配合

第 9 章
动画设计

　　动画是用连续的图片来表述物体的运动，给人的感觉更直观生动。SolidWorks 利用自带的插件 Motion 可以制作产品的动画演示，并可做运动分析。本章主要介绍运动算例简介、装配体爆炸动画、旋转动画、视像属性动画、距离配合动画，以及物理模拟动画。

重点与难点

- ● 运动算例概述
- ● 装配体爆炸动画
- ● 旋转动画
- ● 视像属性动画
- ● 距离配合动画
- ● 物理模拟动画

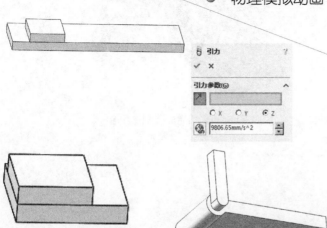

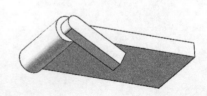

9.1 运动算例概述

运动算例是装配体模型运动的图形模拟，并可将诸如光源和相机透视图之类的视觉属性融合到运动算例中。

运动算例可使用 MotionManager 运动管理器，此为基于时间线的界面，包括以下运动算例工具。

（1）动画（可在核心 SolidWorks 内使用）：可使用动画来演示装配体的运动，例如：添加马达来驱动装配体一个或多个零件的运动；使用设定键码点在不同时间规定装配体零部件的位置。

（2）基本运动（可在核心 SolidWorks 内使用）：可使用基本运动在装配体上模仿马达、弹簧、碰撞，以及引力，基本运动在计算运动时会考虑到质量。

（3）运动分析（可在 SolidWorks premium 的 SolidWorks Motion 插件中使用）：可使用运动分析在装配体上精确模拟和分析运动单元的效果（包括力、弹簧、阻尼，以及摩擦）。运动分析使用计算能力强大的动力求解器，在计算中考虑到材料属性、质量及惯性。

9.1.1 时间线

时间线是动画的时间界面，它显示在动画【特征管理器设计树】的右侧。当定位时间栏、在图形区域中移动零部件或者更改视像属性时，时间栏会使用键码点和更改栏显示这些更改。

时间线被竖直网格线均分，这些网络线对应于表示时间的数字标记。数字标记从 00:00:00 开始，其间距取决于界面的大小。例如，沿时间线可能每隔 1 秒、2 秒或者 5 秒就会有一个标记，如图 9-1 所示。

如果需要显示零部件，可以沿时间线单击任意位置，以更新该点的零部件位置。定位时间栏和图形区域中的零部件后，可以通过控制键码点来编辑动画。在时间线区域中单击鼠标右键，然后在弹出

图 9-1 时间线

的快捷菜单中进行选择，如图 9-2 所示。常用的选项介绍如下。

- 【放置键码】：添加新的键码点，并在光标位置添加一组相关联的键码点。
- 【动画向导】：可以调出【动画向导】对话框。

沿时间线用鼠标右键单击任一键码点，在弹出的快捷菜单中可以选择需要执行的操作，如图 9-3 所示。常用的操作介绍如下。

图 9-2 选项快捷菜单

图 9-3 操作快捷菜单

- 【替换键码】：更新所选键码点以反映模型的当前状态。
- 【剪切】【删除】：对于 00:00:00 标记处的键码点不可用。
- 【压缩键码】：将所选键码点及相关键码点从其指定的函数中排除。
- 【插值模式】：在播放过程中控制零部件的加速、减速或者视像属性。

9.1.2　键码点和键码属性

每个键码画面在时间线上都包括代表开始运动时间或者结束运动时间的键码点。无论何时定位一个新的键码点，它都会对应于运动或者视像属性的更改。

- 键码点：对应于所定义的装配体零部件位置、视像属性或模拟单元状态的实体。
- 关键帧：零部件运动或视像属性发生更改时的关键点。

当将光标移动至任一键码点上时，零件序号将会显示此键码点的键码属性。如果零部件在动画【特征管理器设计树】中没有展开，则所有的键码属性都会包含在零件序号中，如表 9-1 所示。

表 9-1　键码属性

键码属性	描述
摇臂<1> 5.100 秒	特征管理器设计树中的零部件 spider<1>
	移动零部件
	爆炸步骤
●=☒	应用到零部件上的颜色
	零部件显示：上色

9.2　装配体爆炸动画

装配体爆炸动画是将装配体爆炸的过程制作成动画形式，方便用户观看零件的装配和拆卸过程。通过单击【动画向导】按钮，可以生成爆炸动画，即将装配体的爆炸视图步骤按照时间先后顺序转换为动画形式。

生成爆炸动画的具体操作方法如下。

（1）打开【配套数字资源\第 9 章\基本功能\9.2】的实例素材文件，如图 9-4 所示。

（2）选择【插入】|【新建运动算例】菜单命令，在图形区域下方出现【运动管理器】工具栏和时间线。单击【运动管理器】工具栏中的【动画向导】按钮，弹出图 9-5 所示的对话框。

（3）单击【爆炸】单选项，再单击【下一页】按钮，弹出图 9-6 所示的对话框。

（4）在【动画控制选项】对话框中，设置【时间长度（秒）】为【1】，单击【完成】按钮，完成爆炸动画的设置。单击【运动管理器】工具栏中的【播放】按钮，观看爆炸动画效果，画面如图 9-7 所示。

图 9-5　【选择动画类型】对话框

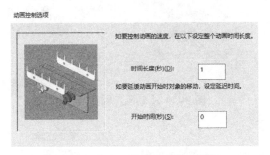

图 9-4　打开装配体文件

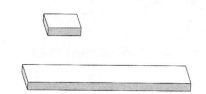

图 9-6　【动画控制选项】对话框

图 9-7　爆炸动画效果画面

9.3　旋转动画

旋转动画是将零件或装配体沿某一个轴线的旋转状态制作成动画形式，方便用户全方位观看物体的外观。

通过单击 【动画向导】按钮，可以生成旋转动画，即模型绕着指定的轴线进行旋转的动画。生成旋转动画的具体操作方法如下。

（1）打开【配套数字资源 \ 第 9 章 \ 基本功能 \9.3】的实例素材文件，如图 9-8 所示。

（2）选择【插入】|【新建运动算例】菜单命令，在图形区域下方出现【运动管理器】工具栏和时间线。单击【运动管理器】工具栏中的 【动画向导】按钮，弹出图 9-9 所示的对话框。

（3）单击【旋转模型】单选项，再单击【下一页】按钮，弹出图 9-10 所示的对话框。

（4）单击【Y- 轴】单选项，设置【旋转次数】为【1】，单击【顺时针】单选项，然后单击【下一步】按钮，弹出图 9-11 所示的对话框。

（5）设置动画播放的【时间长度（秒）】为【10】，设置运动的【开始时间（秒）】为【0】，单击【完成】按钮，完成旋转动画的设置。单击【运动管理器】工具栏中的 ▶【播放】按钮，观看旋转动画效果。

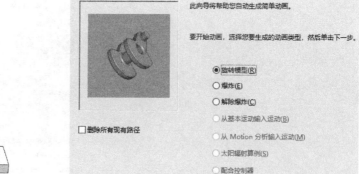

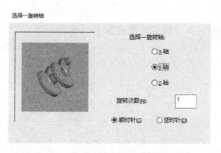

图 9-8　打开装配体文件

图 9-9　【选择动画类型】对话框

图 9-10　【选择 – 旋转轴】对话框

图 9-11　【动画控制选项】对话框

9.4　视像属性动画

可以动态改变单个或者多个零部件的显示，并且在相同或者不同的装配体零部件中组合不同的显示选项。如果需要更改任意一个零部件的视像属性，沿时间线选择一个与想要影响的零部件相对应的键码点，然后改变零部件的视像属性即可。单击【SolidWorks Motion】工具栏中的 ▷【播放】按钮，该零部件的视像属性将会随着动画的进程而变化。

9.4.1　视像属性动画的属性设置

在动画【特征管理器设计树】中，单击鼠标右键选择想要影响的零部件，在弹出的快捷菜单中进行选择，如图 9-12 所示。常用选项的介绍如下。

- ● ＼【隐藏】：隐藏或者显示零部件。
- ●　【孤立】：只显示选定的零部件。
- ●　【零部件显示】：更改零部件的显示方式。
- ● ✍【临时固定 / 分组】：临时将零部件进行固定。
- ● ✦【外观】：改变零部件的外观属性。

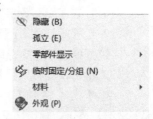

图 9-12　快捷菜单

9.4.2 练习：生成视像属性动画

通过下列操作步骤，简单练习生成视像属性动画的方法。

（1）打开【配套数字资源\第9章\基本功能\9.4.2】的实例素材文件，如图9-13所示。单击【运动管理器】工具栏中的  【动画向导】按钮，制作装配体的旋转动画。

（2）单击时间线上的最后时刻，如图9-14所示。

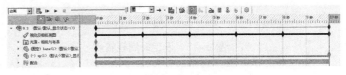

图 9-13　打开装配体文件　　　　　　　　　　　图 9-14　时间线

（3）用鼠标右键单击一个零部件，在弹出的快捷菜单中选择【更改透明度】命令，如图9-15所示。

（4）按照上面的步骤可以为其他零部件更改透明度属性，单击【运动管理器】工具栏中的 ▶ 【播放】按钮，观看动画效果，可以看到被更改了透明度的零部件在装配后变成了半透明效果，如图9-16所示。

图 9-15　选择【更改透明度】命令　　　　　图 9-16　更改透明度后的效果

9.5 距离配合动画

可以使用配合来实现零部件之间的运动，可为距离和角度配合设定值，并为动画中的不同点更改这些值。

在 SolidWorks 中可以添加限制运动的配合，这些配合也影响到 SolidWorks Motion 中零部件的运动。

生成距离配合动画的具体操作方法如下。

（1）打开【配套数字资源\第9章\基本功能\9.5】的实例素材文件。

（2）选择【插入】|【新建运动算例】菜单命令，在图形区域下方出现【运动管理器】工具栏和时间线，在第5秒处单击右键，选择【放置键码】命令，如图9-17所示。

（3）在动画【特征管理器设计树】中，双击【距离1】按钮，在弹出的属性管理器中，更改数值为【60】，如图9-18所示。

（4）单击【运动管理器】工具栏中的 ▶ 【播放】按钮，当动画开始时，滑块和机架边缘之间的距离是 10mm，如图 9-19 所示；当动画结束时，滑块和机架边缘之间的距离是 60mm，如图 9-20 所示。

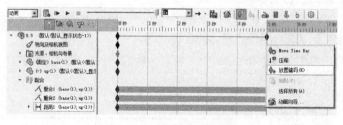

图 9-17　设定时间栏长度

图 9-18　【修改】属性管理器

图 9-19　动画开始时

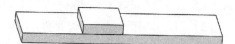

图 9-20　动画结束时

9.6　物理模拟动画

物理模拟可以模拟马达、弹簧及引力等在装配体上的效果。物理模拟将模拟成分与 SolidWorks 工具相结合，以围绕装配体移动零部件。物理模拟包括引力、线性或旋转马达、线性弹簧等。

9.6.1　引力

引力是模拟沿某一方向的万有引力，在零部件的自由度内逼真地移动零部件。

图 9-21　【引力】属性管理器

1.　属性管理器选项说明

单击【运动管理器】工具栏中的 【引力】按钮，弹出图 9-21 所示的属性管理器。常用选项的介绍如下。

- 【反向】：改变引力的方向。
- 【数字引力值】：可以设置数字引力值。

2.　练习：生成引力

通过下列操作步骤，简单练习生成引力的方法。

（1）打开【配套数字资源 \ 第 9 章 \ 基本功能 \9.6.1】的实例素材文件，如图 9-22 所示。

（2）选择【插入】|【新建运动算例】菜单命令，在图形区域下方出现【运动管理器】工具栏和时间线。在【运动管理器】工具栏中单击 【引力】按钮，弹出属性管理器，按图 9-23 所示的参数进行设置。

（3）在【运动管理器】工具栏中单击 【接触】按钮，弹出图 9-24 所示的属性管理器，分别选择图形区域中的两个长方体零部件。

（4）单击【运动管理器】工具栏中的 【播放】按钮，当动画开始时，两个长方体之间有一段距离，如图 9-25 所示；当动画结束时，两个长方体接触在一起，如图 9-26 所示。

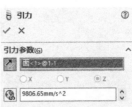

图 9-22 打开装配体文件　　　图 9-23 设置属性管理器

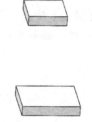

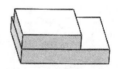

图 9-24 【接触】属性管理器　　　图 9-25 动画开始时　　　图 9-26 动画结束时

9.6.2 线性马达和旋转马达

线性马达和旋转马达为使用物理动力围绕一个装配体移动零部件的模拟成分。

1. 线性马达

（1）属性管理器选项说明。

单击【运动管理器】工具栏中的 ⚙【马达】按钮，弹出图 9-27 所示的属性管理器。常用选项的介绍如下。

- 🔲【参考零件】：选择零部件的一个点。
- ↗【反向】：改变线性马达的方向。
- 🔩【参考零部件】：以某个零部件为运动基准。
- 【类型】：为线性马达选择类型。
- ⏱【速度】：可以设置速度数值。

（2）练习：生成线性马达。

通过下列操作步骤，简单练习生成线性马达的方法。

① 打开【配套数字资源 \ 第 9 章 \ 基本功能 \9.6.2】的实例素材文件，如图 9-28 所示。

图 9-27 【马达】属性管理器

② 选择【插入】|【新建运动算例】菜单命令，在图形区域下方出现【运动管理器】工具栏和时间线。在【运动管理器】工具栏中单击 ⚙【马达】按钮，弹出属性管理器，按图 9-29 所示的参数进行设置。

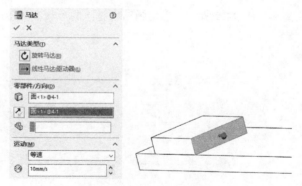

图 9-28 打开装配体   图 9-29 设置属性管理器

③ 单击【运动管理器】工具栏中的 ▶【播放】按钮，当动画开始时，滑块距离机架较近，如图 9-30 所示；当动画结束时，滑块距离机架较远，如图 9-31 所示。

   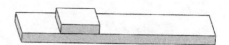

图 9-30 动画开始时   图 9-31 动画结束时

2. 旋转马达

（1）属性管理器选项说明。

单击【运动管理器】工具栏中的 ⛭【马达】按钮，弹出图 9-32 所示的属性管理器。旋转马达的属性管理器与线性马达的类似，这里不再赘述。

（2）练习：生成旋转马达。

通过下列操作步骤，简单练习生成旋转马达的方法。

① 打开一个装配体文件，如图 9-33 所示。

   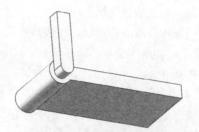

图 9-32 【马达】属性管理器   图 9-33 打开装配体文件

② 选择【插入】|【新建运动算例】菜单命令，在图形区域下方出现【运动管理器】工具栏和时间线。在【运动管理器】工具栏中单击 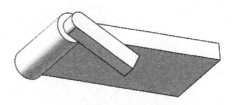【马达】按钮，弹出属性管理器，按图 9-34 所示的参数进行设置。

③ 单击【运动管理器】工具栏中的 ▶【播放】按钮，可以看到曲柄在转动，画面如图 9-35 所示。

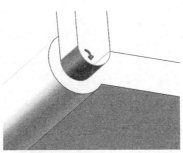

图 9-34　设置属性管理器　　　　　图 9-35　动画运动画面

9.6.3　线性弹簧

线性弹簧为使用物理动力围绕一个装配体移动零部件的模拟成分。

1. 属性管理器选项说明

单击【运动管理器】工具栏中的 昌【弹簧】按钮，弹出图 9-36 所示的属性管理器。常用选项的介绍如下。

（1）【弹簧参数】选项组。

- ● 　：为弹簧端点选取两个特征。
- ● k_x^e：根据弹簧的函数表达式选取弹簧力表达式指数。
- ● k：根据弹簧的函数表达式设定弹簧常数。
- ● 　：设定自由长度。

（2）【阻尼】选项组。

- ● cv^e：选取阻尼力表达式指数。
- ● C：设定阻尼常数。

2. 练习：生成线性弹簧

通过下列操作步骤，简单练习生成线性弹簧的方法。

（1）打开【配套数字资源 \ 第 9 章 \ 基本功能 \9.6.3】的实例素材文件，如图 9-37 所示。

（2）选择【插入】|【新建运动算例】菜单命令，在图形区域下方出现【运动管理器】工具栏和时间线。在【运动管理器】工具栏中单击 b【引力】按钮，施加一个重力，再单击【运动管理器】工具栏中的 昌【弹簧】按钮，弹出属性管理器，按图 9-38 所示的参数进行设置。

（3）单击【运动管理器】工具栏中的 ▶【播放】按钮，可以看到板产生向下的位移，画面如图 9-39 所示。

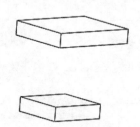

图 9-36 【弹簧】属性管理器 　　　　　图 9-37 打开装配体文件

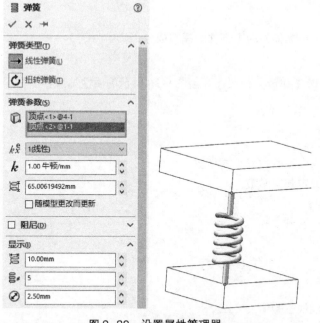

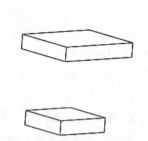

图 9-38 设置属性管理器 　　　　　图 9-39 动画运动画面

9.7 产品介绍动画制作范例

本节将生成一个装配体介绍的动画制作范例，如图 9-40 所示。主要介绍了装配体随着时间参数的变化发生观看角度的变化，以及装配体中零部件的外观和透明度的变化。

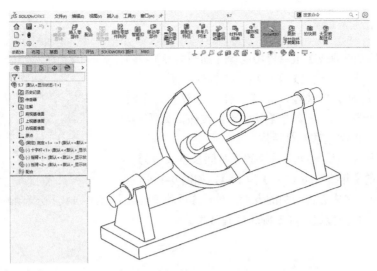

图 9-40　装配体介绍的动画范例

9.7.1　制作物理模拟动画

（1）启动中文版 SolidWorks 软件，选择【文件】|【打开】菜单命令，在弹出的对话框中选择【配套数字资源 \ 第 9 章 \ 范例文件 \9.7.SLDASM】实例素材文件。

（2）选择【插入】菜单中的【新建运动算例】命令。

（3）此时，对话框的下方将出现【计算】界面，如图 9-41 所示。

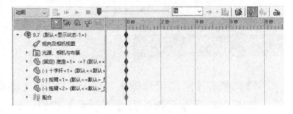

图 9-41　计算窗口

（4）单击 【马达】按钮，弹出属性管理器。在【马达】属性管理器的【零部件 / 方向】选项组中，单击 【马达位置】选择框，选择图形区域的圆面，在【运动】选项组的 【速度】文本框中输入【12 RPM】，如图 9-42 所示，单击 【确定】按钮，添加一个原动件。

（5）单击 【计算】按钮进行计算，计算后【计算】界面会发生变化，如图 9-43 所示。

图 9-42　设置属性管理器

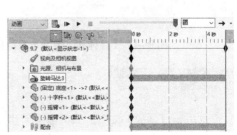

图 9-43　【计算】界面的变化

9.7.2 制作旋转动画

（1）单击【运动管理器】工具栏中的 【动画向导】按钮，弹出对话框，单击【旋转模型】单选项，如图 9-44 所示。

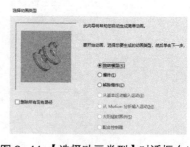

（2）单击【Y- 轴】单选项，设置【旋转次数】为【1】，单击【顺时针】单选项，再单击【下一步】按钮，如图 9-45 所示，弹出【动画控制选项】对话框。

（3）在对话框中，设置动画播放的【时间长度（秒）】为【10】，设置运动的【开始时间（秒）】为【5】，如图 9-46 所示，单击【完成】按钮，完成旋转动画的设置。单击【运动管理器】工具栏中的 【播放】按钮，观看旋转动画效果。

图 9-44 【选择动画类型】对话框（1）

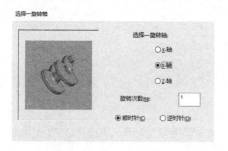

图 9-45 【选择－旋转轴】对话框

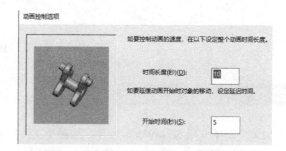

图 9-46 【动画控制选项】对话框（1）

9.7.3 制作爆炸动画

（1）单击【运动管理器】工具栏中的 【动画向导】按钮，弹出对话框，单击【爆炸】单选项，如图 9-47 所示，再单击【下一步】按钮，弹出【动画控制选项】对话框。

（2）在对话框中，设置【时间长度（秒）】为【1】，设置爆炸的【开始时间（秒）】为【15】，单击【完成】按钮，完成爆炸动画的设置，单击【运动管理器】工具栏中的 【播放】按钮，观看爆炸动画效果。

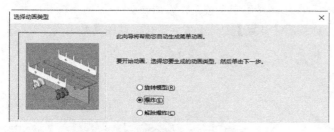

图 9-47 【选择动画类型】对话框（2）

图 9-48 【动画控制选项】对话框（2）

9.7.4 播放动画

单击 【播放】按钮，即可播放所生成的动画。

第 10 章
工程图设计

工程图设计也是 SolidWorks 软件的三大功能之一。工程图文件是 SolidWorks 设计文件的一种。在一个 SolidWorks 工程图文件中，可以包含多张图纸，这使用户可以利用同一个文件生成一个零件的多张图纸或者多个零件的工程图。本章主要介绍工程图基本设置、建立工程视图、标注尺寸，以及添加注释。

重点与难点

- 基本设置
- 建立视图
- 标注尺寸
- 添加注释

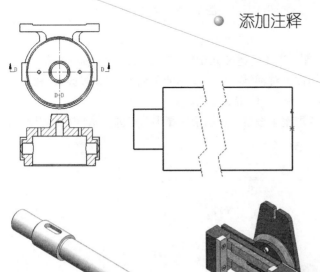

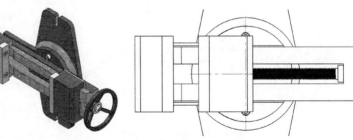

10.1 基本设置

在进行工程图设计之前，有些绘图的参数需要提前设置，包括图纸格式、线型、图层等。

10.1.1 图纸格式的设置

1. 标准图纸格式

SolidWorks 提供了各种标准图纸的图纸格式，可以在【图纸属性】对话框的【标准图纸大小】列表框中进行选择。单击【浏览】按钮，可以加载用户自定义的图纸格式。【图纸属性】对话框如图 10-1 所示，其中勾选【显示图纸格式】复选框可以显示边框、标题栏等。

2. 无图纸格式

【自定义图纸大小】选项可以定义无图纸格式，即选择无边框、无标题栏的空白图纸。此选项要求指定纸张大小，也可以定义用户自己的格式，如图 10-2 所示。

图 10-1 【图纸属性】对话框

图 10-2 自定义图纸大小

3. 使用图纸格式的操作方法

（1）单击【标准】工具栏中的【新建】按钮，在【新建 SOLIDWORKS 文件】对话框中选择【工程图】，并单击【确定】按钮，弹出【图纸属性】对话框，选中【标准图纸大小】单选项，在列表框中选择【A1（GB）】选项，如图 10-3 所示，单击【确定】按钮。

（2）单击【特征管理器设计树】中的 ✖【取消】按钮，在图形区域中即可弹出 A1 格式的图纸，如图 10-4 所示。

图 10-3 设置图纸属性

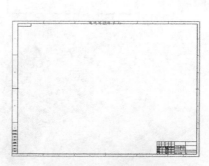

图 10-4 A1 格式图纸

10.1.2　线型设置

对于视图中图线的线色、线粗、线型、颜色显示模式等，可以利用【线型】工具栏进行设置。【线型】工具栏如图 10-5 所示，其中的工具按钮介绍如下。

- ● 【图层属性】：设置图层属性（如颜色、厚度、样式等），将实体移动到图层中，然后为新的实体选择图层。
- ● 【线色】：可以对图线颜色进行设置。
- ● 【线粗】：单击该按钮会弹出图 10-6 所示的【线粗】菜单，可以对图线的粗细进行设置。

图 10-5　【线型】工具栏　　　　　　图 10-6　【线粗】菜单

- ● 【线条样式】：单击该按钮会弹出图 10-7 所示的【线条样式】菜单，可以对图线的样式进行设置。
- ● 【隐藏和显示边线】：单击该按钮，切换边线的隐藏和显示。
- ● 【颜色显示模式】：单击该按钮，线色会在所设置的颜色中进行切换。

在工程图中，如果需要对线型进行设置，一般在绘制草图实体之前，先利用【线型】工具栏中的【线色】【线粗】和【线条样式】按钮对将要绘制的图线设置所

图 10-7　【线条样式】菜单

需的格式，这样可以使被添加到工程图中的草图实体均使用指定的线型格式，直到重新设置另一种格式为止。

10.1.3　图层设置

在工程图文件中，可以根据用户的需求建立图层，并为每个图层上生成的新实体指定线条颜色、线条粗细和线条样式。新的实体会自动添加到激活的图层中，图层可以被隐藏或显示，另外，还可以将实体从一个图层移动到另一个图层。创建好工程图的图层后，可以分别为每个尺寸、注解、表格和视图标号等局部视图选择不同的图层设置。如果将 *.DXF 或 *.DWG 文件输入 SolidWorks 工程图中，会自动生成图层。在最初生成 *.DXF 或 *.DWG 文件的系统中指定的图层信息（如名称、属性和实体位置等）将被保留。

图层设置的操作方法如下。

（1）新建一张空白的工程图。

（2）在工程图中，单击【线型】工具栏中的 【图层属性】按钮，弹出图 10-8 所示的对话框。

（3）单击【新建】按钮，输入新图层名称"中心线"，如图 10-9 所示。

图 10-8　【图层】对话框

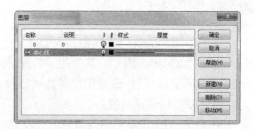

图 10-9　新建图层

（4）更改图层默认图线的颜色、样式和粗细等。

①【颜色】：单击【颜色】下的方框，弹出【颜色】对话框，可以选择或者设置颜色，这里选择红色，如图 10-10 所示。

②【样式】：单击【样式】下的图线，在弹出的菜单中选择图线样式，这里选择【中心线】样式，如图 10-11 所示。

图 10-10　选择颜色

图 10-11　选择样式

③【厚度】：单击【厚度】下的直线，在弹出的菜单中选择图线的粗细，这里选择【0.18mm】所对应的线宽，如图 10-12 所示。

（5）单击【确定】按钮，即可完成为文件新建图层的操作，如图 10-13 所示。

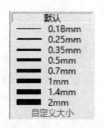

图 10-12　选择厚度

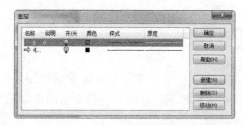

图 10-13　完成图层的新建

当生成新的工程图时，必须选择图纸格式。可以采用标准图纸格式，也可以自定义和修改图纸格式。通过对图纸格式的设置，有助于生成具有统一格式的工程图。

10.1.4　激活图纸

如果需要激活图纸，可以采用如下方法之一。

- 在图纸区域下方单击要激活的图纸的按钮。
- 用鼠标右键单击图纸区域下方要激活的图纸的按钮，在弹出的菜单中选择【激活】命令，如图 10-14 所示。
- 用鼠标右键单击【特征管理器设计树】中的图纸的按钮，在弹出的菜单中选择【激活】命令，如图 10-15 所示。

图 10-14　快捷菜单（1）

图 10-15　快捷菜单（2）

10.1.5　删除图纸

删除图纸的操作方法如下。

（1）用鼠标右键单击【特征管理器设计树】中要删除的图纸的按钮，在弹出的菜单中选择【删除】命令。

（2）弹出【确认删除】对话框，如图 10-16 所示，单击【是】按钮，即可删除图纸。

图 10-16　【确认删除】对话框

10.2　建立视图

工程图文件中主要包含一系列视图，如标准三视图、投影视图、剖面视图等。

10.2.1　标准三视图

标准三视图可以生成 3 个默认的正交视图，其中主视图方向为零件或者装配体的前视，其他两个视图依照投影方式的不同而不同。

在标准三视图中，主视图、俯视图及左视图有固定的对齐关系。主视图与俯视图长度方向对齐，主视图与左视图高度方向对齐，俯视图与左视图宽度方向对齐。俯视图可以垂直移动，左视图可以水平移动。

生成标准三视图的操作方法如下。

（1）打开【配套数字资源 \ 第 10 章 \ 基本功能 \10.2.1】的实例素材文件。

（2）单击【工程图】工具栏中的 【标准三视图】按钮，或者选择【插入】|【工程视图】|【标准三视图】菜单命令，弹出属性管理器，单击 【确定】按钮，工程图中将自动生成标准三视图，如图 10-17 所示。

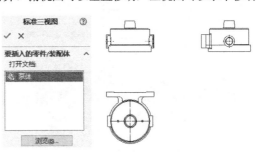

图 10-17　创建标准三视图

10.2.2 投影视图

投影视图是在已有视图的基础上，利用正交投影生成的视图。投影视图的投影方式是根据【图纸属性】对话框中所设置的第一视角或者第三视角的投影类型而确定的。

1. 投影视图的属性设置

单击【工程图】工具栏中的 ⊞【投影视图】按钮，或者选择【插入】|【工程视图】|【投影视图】菜单命令，弹出图 10-18 所示的属性管理器，此时光标变为 形状。常用选项的介绍如下。

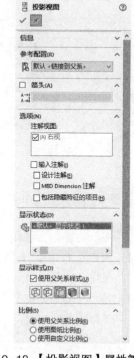

（1）【箭头】选项组。

● 【标号】：表示按相应父视图的投影方向得到的投影视图的名称。

（2）【显示样式】选项组。

● 【使用父关系样式】：取消勾选此复选框，可以选择与父视图不同的显示样式，显示样式包括⊞【线架图】、⊞【隐藏线可见】、⊞【消除隐藏线】、⊞【带边线上色】和⊞【上色】。

（3）【比例】选项组。

● 【使用父关系比例】：可以应用为父视图所使用的相同比例。

● 【使用图纸比例】：可以应用为工程图图纸所使用的相同比例。

● 【使用自定义比例】：可以根据需要应用自定义的比例。

图 10-18 【投影视图】属性管理器

2. 练习：生成投影视图

通过下列操作步骤，简单练习生成投影视图的方法。

（1）打开【配套数字资源 \ 第 10 章 \ 基本功能 \10.2.2】的实例素材文件。

（2）单击【工程图】工具栏中的 ⊞【投影视图】按钮，或者选择【插入】|【工程视图】|【投影视图】菜单命令，弹出属性管理器，单击已有的视图，向下移动光标，再次单击，生成投影视图，如图 10-19 所示。

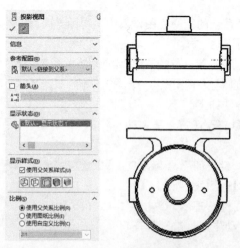

图 10-19 创建投影视图

10.2.3 剖面视图

剖面视图是用一条剖切线切割父视图而生成，属于派生视图，可以显示模型内部的形状和尺寸。剖面视图可以是剖切面或者是用阶梯剖切线定义的等距剖面视图，并可以生成半剖视图。

1. 剖面视图的属性设置

单击【草图】工具栏中的 ✐ 【中心线】按钮，在激活的视图中绘制单一或者相互平行的中心线（也可以单击【草图】工具栏中的 ✐ 【直线】按钮，在激活的视图中绘制单一或者相互平行的直线段）。选择绘制的中心线（或者直线段），单击【工程图】工具栏中的 🔀 【剖面视图】按钮，或者选择【插入】|【工程视图】|【剖面视图】菜单命令，弹出图 10-20 所示的属性管理器。常用选项的介绍如下。

（1）【切除线】选项组。

● 🔀 【反转方向】：反转剖切的方向。

● 🔀 【标号】：编辑与剖切线或者剖面视图相关的字母。

● 【字体】：可以为剖切线或者剖面视图的相关字母选择其他字体。

（2）【剖面视图】选项组。

● 【部分剖面】：当剖切线没有完全切透视图中模型的边框线时，会弹出剖切线小于视图几何体的提示信息，并询问是否生成局部剖视图。

● 【横截剖面】：只有被剖切线切除的部分才能弹出在剖面视图中。

● 【自动加剖面线】：勾选此复选框，系统可以自动添加必要的剖面（切）线。

（3）【剖面深度】选项组。

● 🔷 【深度】：设置剖切深度的数值。

● 🔲 【深度参考】：为剖切深度选择边线或基准轴。

图 10-20 【剖面视图 A-A】属性管理器

2. 练习：生成剖面视图

通过下列操作步骤，简单练习生成剖面视图的方法。

（1）打开【配套数字资源 \ 第 10 章 \ 基本功能 \10.2.3】的实例素材文件。

（2）单击【工程图】工具栏中的 🔀 【剖面视图】按钮，或者选择【插入】|【工程视图】|【剖面视图】菜单命令，弹出属性管理器。在需要剖切的位置单击，如图 10-21 所示。

（3）向下移动光标，再次单击，生成剖面视图，如图 10-22 所示。

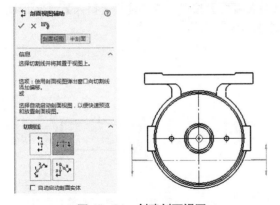

图 10-21 创建剖面视图

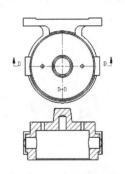

图 10-22 生成剖面视图

10.2.4　辅助视图

辅助视图类似于投影视图，它的投影方向垂直于所选视图的参考边线，但参考边线一般不能为水平或者垂直，否则生成的就是投影视图。辅助视图相当于技术制图表达方法中的斜视图，可以用来表达零件的倾斜结构。

生成辅助视图的操作方法如下。

（1）打开【配套数字资源 \ 第 10 章 \ 基本功能 \10.2.4】的实例素材文件。

（2）单击【工程图】工具栏中的 <svg>【辅助视图】按钮，或者选择【插入】|【工程视图】|【辅助视图】菜单命令，弹出属性管理器。单击参考视图的边线（不可以是水平或者垂直的边线，否则生成的就是标准投影视图），移动光标到视图适当的位置，然后单击放置辅助视图，如图 10-23 所示。

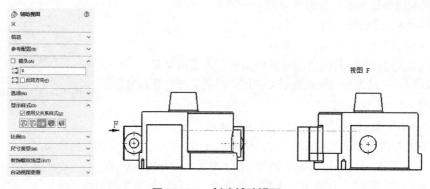

图 10-23　创建辅助视图

10.2.5　剪裁视图

在 SolidWorks 工程图中，剪裁视图是由除局部视图、已用于生成局部视图的视图或者爆炸视图之外的任何工程视图经剪裁而生成的。剪裁视图类似于局部视图，但是由于剪裁视图没有生成新的视图，也没有放大原视图，因此可以减少视图生成的操作步骤。

生成剪裁视图的操作方法如下。

（1）打开【配套数字资源 \ 第 10 章 \ 基本功能 \10.2.5】的实例素材文件，使用草图绘制工具在视图上绘制一个圆（也可以是其他的封闭图形），如图 10-24 所示。

（2）单击【工程图】工具栏中的 <svg>【剪裁视图】按钮，或者选择【插入】|【工程视图】|【剪裁视图】菜单命令，创建剪裁视图，效果如图 10-25 所示。

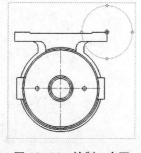

图 10-24　绘制一个圆

图 10-25　创建的剪裁视图

10.2.6 局部视图

局部视图是一种派生视图，可以用来显示父视图中的某一局部形状，通常采用放大比例显示。局部视图的父视图可以是正交视图、空间（等轴测）视图、剖面视图、剪裁视图、爆炸视图或者另一局部视图，但不能在透视图中生成模型的局部视图。

1. 局部视图的属性设置

单击【工程图】工具栏中的 【局部视图】按钮，或者选择【插入】|【工程视图】|【局部视图】菜单命令，弹出图 10-26 所示的属性管理器。

【局部视图图标】选项组的常用功能如下。

- ● **【样式】**：可以选择一种样式，如图 10-27 所示。
- ● **【标号】**：编辑与局部视图相关的字母。
- ● **【字体】**：如果要为局部视图标号选择文件字体以外的字体，取消勾选【文件字体】复选框，然后单击【字体】按钮。

图 10-26 【局部视图】属性管理器　　　　图 10-27 【样式】选项

2. 练习：生成局部视图

通过下列操作步骤，简单练习生成局部视图的方法。

（1）打开【配套数字资源 \ 第 10 章 \ 基本功能 \10.2.6】的实例素材文件。

（2）单击【工程图】工具栏中的 【局部视图】按钮，或者选择【插入】|【工程视图】|【局部视图】菜单命令，弹出属性管理器。在需要局部视图的位置绘制一个圆，如图 10-28 所示。

（3）向右移动光标，单击生成局部视图，如图 10-29 所示。

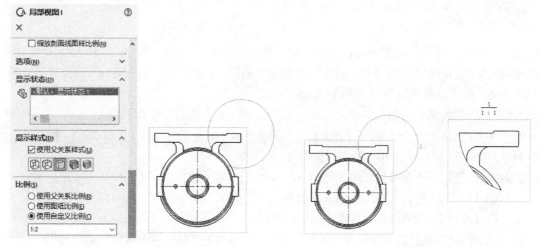

图 10-28　创建局部视图　　　　　　　　图 10-29　生成局部视图

10.2.7　断裂视图

对于一些较长的零件（如轴、杆、型材等），如果沿着长度方向的形状统一（或者按一定规律）变化时，可以用折断显示的断裂视图来表达，这样就可以将零件以较大比例显示在较小的工程图纸上。断裂视图可以应用于多个视图，并可根据要求撤销断裂视图。

1. 断裂视图的属性设置

单击【工程图】工具栏中的 ⑩【断裂视图】按钮，或者选择【插入】|【工程视图】|【断裂视图】菜单命令，弹出图 10-30 所示的属性管理器。常用选项的介绍如下。

- ⑩【添加竖直折断线】：生成断裂视图时，将视图沿水平方向断开。
- 畣【添加水平折断线】：生成断裂视图时，将视图沿竖直方向断开。
- 【缝隙大小】：改变折断线缝隙之间的间距。
- 【折断线样式】：定义折断线的类型，如图 10-31 所示，其效果如图 10-32 所示。

图 10-30　【断裂视图】属性管理器

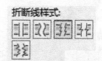

图 10-31　【折断线样式】选项

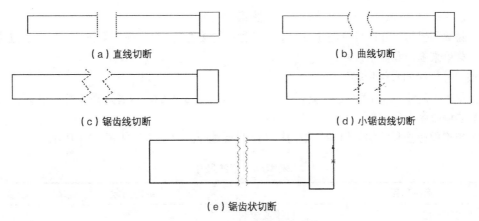

（a）直线切断　　　　　　　　（b）曲线切断

（c）锯齿线切断　　　　　　　（d）小锯齿线切断

（e）锯齿状切断

图 10-32　不同折断线样式的效果

2. 练习：生成断裂视图

通过下列操作步骤，简单练习生成断裂视图的方法。

（1）打开【配套数字资源 \ 第 10 章 \ 基本功能 \10.2.7】的实例素材文件。

（2）单击【工程图】工具栏中的 【断裂视图】按钮，或者选择【插入】|【工程视图】|【断裂视图】菜单命令，弹出属性管理器，按图 10-33 所示的参数进行设置。

（3）移动鼠标，选择两个位置放置折断线，单击创建断裂视图，如图 10-34 所示。

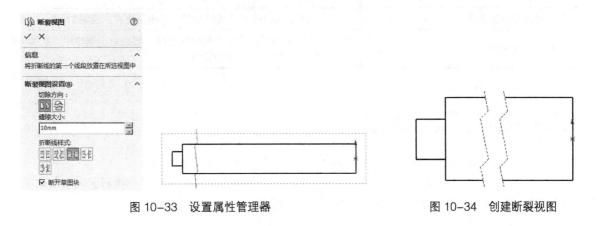

图 10-33　设置属性管理器　　　　　　　　　图 10-34　创建断裂视图

10.3 标注尺寸

工程图文件中要包含尺寸标注，将必要的参数标注在视图中。

10.3.1 绘制草图尺寸

工程图中的尺寸标注是与模型相关联的，而且模型中的变更将直接反映到工程图中。

- 模型尺寸：通常在生成每个零件特征时即可生成尺寸，然后将这些尺寸插入各个工程视图中。
- 参考尺寸：可以在工程图文档中添加尺寸，但是这些尺寸是参考尺寸。
- 颜色：在默认情况下，模型尺寸标注为黑色。

- 箭头：尺寸被选中时，尺寸箭头上弹出圆形控标。
- 隐藏和显示尺寸：可单击【注解】工具栏中的【隐藏/显示注解】按钮，或者通过【视图】菜单来隐藏和显示尺寸。

添加尺寸标注的操作步骤如下。

（1）单击【尺寸/几何关系】工具栏中的 ✎【智能尺寸】按钮，或者选择【工具】|【尺寸】|【智能尺寸】菜单命令。

（2）单击要标注尺寸的几何体，不同标注项目要选择的单击对象如表 10-1 所示。

表 10-1　标注尺寸

标注项目	单击对象
直线或边线的长度	直线或边线
两直线之间的角度	两条直线，或者一条直线与模型上的一条边线
两直线之间的距离	两条平行直线，或一条直线与跟其平行的一条模型边线
点到直线的垂直距离	点与直线或模型边线
两点之间的距离	两个点
圆弧半径	圆弧
圆弧真实长度	圆弧及两个端点
圆的直径	圆周
两个圆或圆弧的距离	圆心或圆弧/圆的圆周及其他实体(直线、边线、点等)
线性边线的中点	用鼠标右键单击要标注中点尺寸的边线，然后单击选择中点；接着选择第二个要标注尺寸的实体

（3）单击以放置尺寸。

10.3.2　添加尺寸标注的操作方法

（1）打开【配套数字资源\第 10 章\基本功能\10.3.2】的实例素材文件。

（2）单击【注解】工具栏中的 ✎【智能尺寸】按钮，弹出属性管理器。在图形区域中单击图纸的边线，将自动生成直线的标注尺寸，如图 10-35 所示。

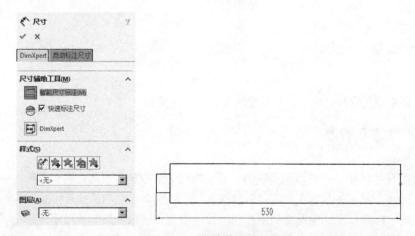

图 10-35　直线的尺寸标注

（3）在图形区域中继续单击圆形边线，将自动生成直径的标注线，如图 10-36 所示。

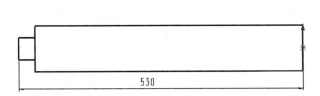

図 10-36　直径的尺寸标注

10.4　添加注释

利用【注释】工具可以在工程图中添加文字信息和一些特殊要求的标注形式。注释文字可以独立浮动，也可以指向某个对象（如面、边线或者顶点等）。注释中可以包含文字、符号、参数文字或者超文本链接。如果注释中包含引线，则引线可以是直线、折弯线或者多转折引线。

10.4.1　注释的属性设置

单击【注解】工具栏中的 **A**【注释】按钮，或者选择【插入】|【注解】|【注释】菜单命令，弹出图 10-37 所示的属性管理器。常用选项的介绍如下。

1.【文字格式】选项组

文字对齐方式：包括 【左对齐】、 【居中】、 【右对齐】和 【两端对齐】。

- 　【角度】：设置注释文字的旋转角度（正角度值表示逆时针方向旋转）。
- 　【插入超文本链接】：单击该按钮，可以在注释中插入超文本链接。
- 　【链接到属性】：单击该按钮，可以将注释链接到文件属性。
- 　【添加符号】：单击该按钮，弹出【符号】菜单，如图 10-38 所示，选择一种符号，单击【确定】按钮，符号便显示在注释中。
- 　【锁定 / 解除锁定注释】：将注释固定。当编辑注释时，可以调整其边界框，但不能移动注释（只可用于工程图）。
- 　【插入形位公差】：可以在注释中插入形位公差符号。
- 　【插入表面粗糙度符号】：可以在注释中插入表面粗糙度符号。
- 　【插入基准特征】：可以在注释中插入基准特征符号。
- 　【使用文档字体】：勾选该复选框，使用文件设置的字体。

2.【引线】选项组

- 　单击 【无引线】、 【自动引线】、 【引线】或者 【多转折引线】按钮，确定是否选择引线。
- 　单击 【引线靠左】、 【引线向右】、 【引线最近】按钮，确定引线的位置。
- 　单击 【直引线】、 【折弯引线】、 【下划线引线】按钮，确定引线样式。
- 　【箭头样式】：从下拉列表中选择一种箭头样式。
- 　【应用到所有】：更改应用到所选注释的所有箭头。

图 10-37 【注释】属性管理器（1）

图 10-38 选择符号

10.4.2 添加注释的操作方法

（1）打开【配套数字资源 \ 第 10 章 \ 基本功能 \10.4.2】的实例素材文件，如图 10-39 所示。

（2）单击【注解】工具栏中的 **A**【注释】按钮，弹出图 10-40 所示的属性管理器。

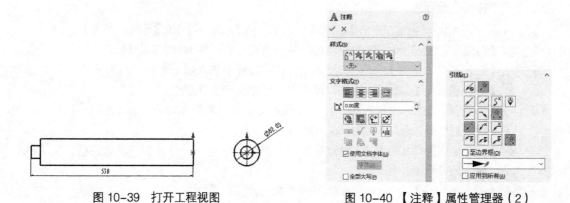

图 10-39 打开工程视图

图 10-40 【注释】属性管理器（2）

（3）移动光标，单击图形区域的空白处，弹出文字输入框，在其中输入文字，形成注释，如图 10-41 所示。

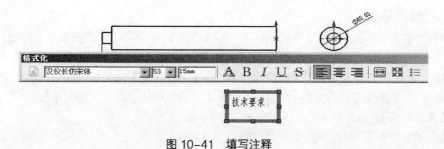

图 10-41 填写注释

10.5　主动轴零件图范例

本范例将讲解生成图 10-42 所示主动轴零件模型的零件图的步骤与方法，生成的零件图如图 10-43 所示。

图 10-42　主动轴零件模型

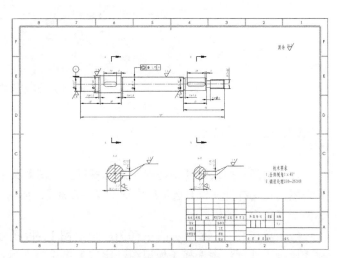

图 10-43　主动轴零件图

10.5.1　创建工程图前的准备

（1）打开【配套数字资源 \ 第 10 章 \ 范例文件 \10.5\10.5.SLDASM】文件，选择【文件】|【从零件制作工程图】菜单命令，弹出【新建 SOLIDWORKS 文件】对话框，选择【工程图】文件，单击【确定】按钮，如图 10-44 所示。

（2）设置绘图标准。选择顶部工具栏中的【工具】|【选项】，弹出对话框，单击切换至【文档属性】选项卡，选择【总绘图标准】为【GB】，如图 10-45 所示。然后单击左侧的【尺寸】选项，在【文本】选项框中单击【字体】按钮，弹出对话框，保持【字体】为【汉仪长仿宋体】，将【字体样式】选择为【倾斜】，如图 10-46 所示，单击【确定】按钮完成设置。

图 10-44　【新建 SOLIDWORKS 文件】对话框

图 10-45　【文档属性】选项卡

图 10-46　设置文本

10.5.2　插入视图

（1）选择【插入】|【工程视图】|【标准三视图】菜单命令，弹出属性
管理器，在【打开文档】选项组中选择【主动轴】，如图 10-47 所示，然后
单击 ✔【确定】按钮。

（2）单击图 10-48 所示的主视图，弹出图 10-49 所示的属性管理器，
在【比例】选项组中选择【使用图纸比例】单选项，然后单击 ✔【确定】
按钮。

图 10-47　选择主动轴

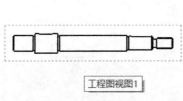

图 10-48　主动轴主视图　　　　　图 10-49　设置属性管理器

（3）由于本实例是轴体类零件，只需保留上视图，因此可将主动轴的主视图和右视图删除，
如图 10-50 所示，依次单击选中视图，然后按下 Delete 键，弹出【确认删除】对话框，单击【是】
按钮，效果如图 10-51 所示。

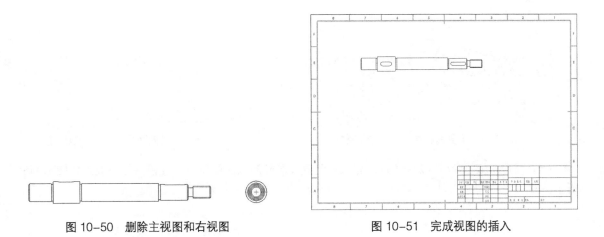

图 10-50　删除主视图和右视图　　　　　　　　　图 10-51　完成视图的插入

10.5.3　绘制剖面视图

（1）在顶部工具栏中选择【草图】选项卡，利用 ╱ 【直线】工具在上视图的两个键槽处绘制直线，如图 10-52 所示，然后单击 ✓ 【确定】按钮。

（2）在顶部工具栏中选择【工程图】选项卡，首先单击选中左侧直线，然后单击 ﹖ 【剖面视图】按钮，系统将按照直线的所在位置生成剖面视图，并自动与上视图对齐。在弹出的图 10-53 所示的属性管理器中，单击【切除线】选项组中的 ⚌ 【反转方向】按钮，可以改变切除线的投影方向；勾选【剖面视图】选项组中的【横截剖面】复选框可以消除外轮廓线，然后单击 ✓ 【确定】按钮。

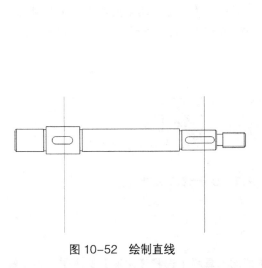

图 10-52　绘制直线

图 10-53　设置属性管理器

（3）在生成的剖面视图 A-A 处用鼠标右键单击打开图 10-54 所示的菜单栏，选择【视图对齐】|【解除对齐关系】命令，然后长按鼠标左键按住拖曳视图，将其移动到上视图中切除线下方的对应位置，完成剖面视图 A-A 的绘制，如图 10-55 所示，最后单击 ✓ 【确定】按钮。

图 10-54 【剖面视图 A-A】菜单栏

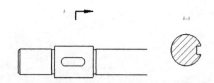

图 10-55 完成剖面视图 A-A 的绘制

（4）同理，依据步骤（2）、（3），完成右侧直线对应的剖面视图 B-B 绘制，最终效果如图 10-56 所示。

图 10-56 完成剖面视图的绘制

10.5.4 绘制中心线和中心符号线

（1）在顶部工具栏中选择【注解】选项卡，单击 ⊟ 【中心线】按钮，再依次单击上视图中主动轴的两侧边线，系统自动生成点划线。单击选中点划线的端点可以使其延长，直至完全贯穿整个上视图，如图 10-57 所示，然后单击 ✓ 【确定】按钮。

图 10-57 完成中心线的绘制

（2）在【注解】选项卡中，单击 ⊕ 【中心符号线】按钮，再依次单击剖面视图 A-A 和剖面视图 B-B，系统自动生成单一的中心符号线，如图 10-58 所示，然后单击 ✓ 【确定】按钮。

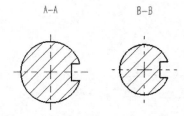

图 10-58 完成中心符号线的绘制

10.5.5 标注零件图尺寸

（1）对主动轴的轴向尺寸进行标注。在顶部工具栏中选择【注解】选项卡，单击 ⟨ 【智能尺寸】按钮，再依次单击主动轴左侧的顶端和第一阶梯的顶端，拖曳尺寸至合适位置后再次单击放置尺寸，效果如图 10-59 所示。打开图 10-60 所示的【尺寸】属性管理器，在【公差 / 精度】选项组中，将 ⩔ 【单位精度】选择为【无】，即可对基本尺寸的小数点位数进行修改，然后单击 ✓ 【确定】按钮。同理，将其余的阶梯部分按此步骤进行标注，最终效果如图 10-61 所示。

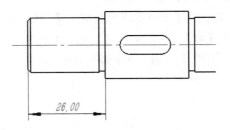

图 10-59　手动标注轴向尺寸

图 10-60　设置属性管理器

图 10-61　完成轴向无公差的尺寸标注

（2）对主动轴的 4 个退刀槽进行标注。退刀槽的标注方式有两种，第一种是"槽宽 × 槽深"，第二种是"槽宽 × 直径"，这里先使用第一种方式。在顶部工具栏中选择【注解】选项卡，单击 【智能尺寸】按钮，再依次单击退刀槽的两侧边线，拖曳尺寸至合适位置后再次单击放置尺寸，效果如图 10-62 所示。打开【尺寸】属性管理器，将【公差 / 精度】选项组中的 【单位精度】选择为【无】；在【标注尺寸文字】选项组第一栏中的【<DIM>】后手动输入【×0.5】，如图 10-63 所示，然后单击 【确定】按钮。同理，将主动轴的其余两个窄边退刀槽完成标注，最终效果如图 10-64 所示。

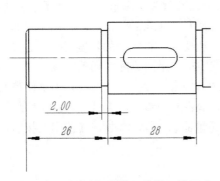

图 10-62　手动标注第一种退刀槽尺寸

图 10-63　添加第一种标注尺寸文字

（3）进行第二种退刀槽标注。在顶部工具栏中选择【注解】选项卡，单击【智能尺寸】按钮，再单击螺纹处退刀槽的两侧边线，拖曳尺寸至合适位置后再次单击放置尺寸，效果如图 10-65 所示。同理，按照步骤（1）更改其【单位精度】类型为【无】；在【标注尺寸文字】选项组第一栏中的【<DIM>】后手动输入【×】，然后单击【直径】按钮插入符号，再手动输入【9】，如图 10-66 所示，完成后单击 ✓【确定】按钮，效果如图 10-67 所示。

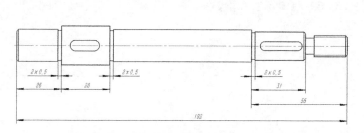

图 10-64　完成第一种退刀槽的标注

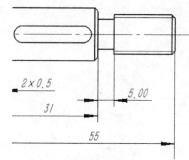

图 10-65　手动标注第二种退刀槽尺寸

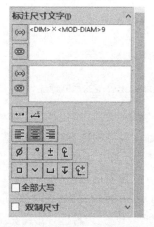

图 10-66　添加第二种标注尺寸文字

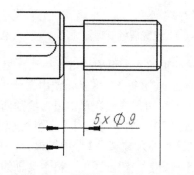

图 10-67　完成第二种退刀槽的标注

（4）对键槽尺寸进行标注。在顶部工具栏中选择【注解】选项卡，单击【模型项目】按钮，再依次单击两个键槽的边线，系统会从零件中调取相应尺寸在此工程图上进行标注，效果如图 10-68 所示，然后单击 ✓【确定】按钮。根据工程图的标注要求，将键槽的长度尺寸和边界位置尺寸水平对齐，长按鼠标左键拖曳对应尺寸即可改变其位置；如果要删除键槽的宽度尺寸，单击选择对应尺寸，然后按下 Delete 键即可。单击选中该尺寸，根据步骤（1）更改其【单位精度】类型为【无】，为使尺寸标注得更清晰，打开图 10-69 所示的属性管理器，在【引线】选项卡的【尺寸界线 /引线显示】选项组中，更改其【引线】类型为【里面】，然后单击 ✓【确定】按钮，最终效果如图 10-70 所示。

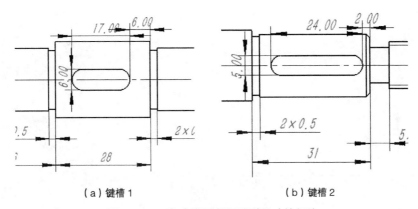

（a）键槽 1　　　　　　　　　（b）键槽 2

图 10-68　完成模型项目关联尺寸的标注

图 10-69　设置属性管理器

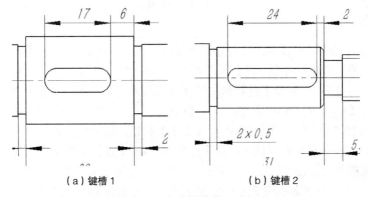

（a）键槽 1　　　　　　　　　（b）键槽 2

图 10-70　完成键槽的尺寸标注

（5）对带有公差的径向尺寸进行标注。在顶部工具栏中选择【注解】选项卡，单击 ✐【智能尺寸】按钮，再依次单击圆柱的上、下边线，系统会自动识别尺寸为直径类型，拖曳尺寸至合适位置后再次单击放置尺寸，效果如图 10-71 所示。打开【尺寸】属性管理器，将【公差 / 精度】选项组中的 ▦【公差类型】选择为【套合】，在 ◈【轴套合】下拉菜单中选择【f7】，将 ▦【单位精度】选择为【无】，如图 10-72 所示，然后单击 ✔【确定】按钮，最终效果如图 10-73 所示。

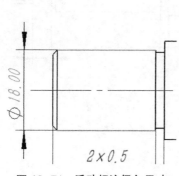

图 10-71　手动标注径向尺寸　　　　　　　图 10-72　设置属性管理器

（6）根据步骤（5）可以对主动轴不同阶梯的尺寸进行标注，除去最后一段螺纹，可将主动轴分为四段，第一段为步骤（5）所标注的【Ø18 f7】，第二段为【Ø22 k6】，第三段为【Ø18 f7】，第四段为【Ø16 h6】。同理，根据步骤（4）可以将【引线】类型更改为 ⟨ 【里面】，最终效果如图 10-74 所示。

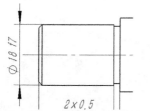

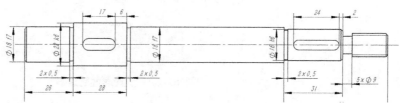

图 10-73　完成更改公差类　　　　图 10-74　完成带有公差的径向尺寸标注
　　　　　型后的尺寸标注

（7）对螺纹进行标注。在顶部工具栏中选择【注解】选项卡，单击 ⟨ 【智能尺寸】按钮，依次单击螺纹的外边界，拖曳尺寸至合适位置后再次单击放置尺寸，效果如图 10-75 所示。打开【尺寸】属性管理器，将【公差 / 精度】选项组中的 【单位精度】选择为【无】；将【标注尺寸文字】选项组第一栏中的【<MOD-DIAM>】删除，在【<DIM>】前手动输入【M】，在【<DIM>】后手动输入【-6g】，如图 10-76 所示，完成后单击 ✓ 【确定】按钮，最终效果如图 10-77 所示。

（8）对两个剖面视图进行尺寸标注。由于在步骤（4）中进行了模型项目的关联尺寸标注，所以系统已经对其键槽深度进行了标注，如图 10-78 所示。为使尺寸标注得更清晰，单击选中剖面视图 A-A 中的尺寸，将其与剖面视图 B-B 的水平对齐，并根据步骤（5）将图 10-79 所示的【尺寸】属性管理器中【公差 / 精度】选项组的 【公差类型】选择为【双边】，将 + 【最大变量】数值设置为【0】，将 - 【最小变量】数值设置为【-0.1】，将 【单位精度】选择为【.1】，将 【公差精度】保持【与标称相同】不变，然后单击 ✓ 【确定】按钮。同理，将剖面视图 B-B 的键槽深度尺寸的 【公差类型】选择为【双边】，将 + 【最大变量】数值设置为【0】，将 - 【最小变量】数值设置为【-0.1】，将 【单位精度】选择为【.1】，将 【公差精度】保持【与标称相同】不变，然后单击 ✓ 【确定】按钮，最终效果如图 10-80 所示。

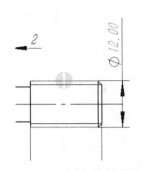

图 10-75　手动标注螺纹尺寸

图 10-76　添加标注尺寸文字

图 10-77　完成螺纹的尺寸标注

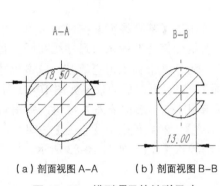

（a）剖面视图 A-A　　　　（b）剖面视图 B-B

图 10-78　模型项目的关联尺寸

图 10-79　设置属性管理器

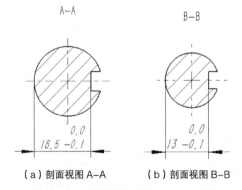

（a）剖面视图 A-A　　　　（b）剖面视图 B-B

图 10-80　完成键槽深度的尺寸标注

（9）在顶部工具栏中选择【注解】选项卡，单击 【智能尺寸】按钮，再依次单击剖面视图 A-A 中缺口的两侧，拖曳尺寸至合适位置后再次单击放置尺寸，根据步骤（8）将【尺寸】属性管理器中【公差 / 精度】选项组的 【公差类型】选择为【双边】，将 +【最大变量】数值设置为【0】，将 −【最小变量】数值设置为【-0.03】，将 【单位精度】选择为【无】，将 【公差精度】选择为【.1】，然后单击 【确定】按钮。同理，对剖面视图 B-B 的键槽宽度尺寸进行标注，完成后单击 【确定】按钮，最终效果如图 10-81 所示。

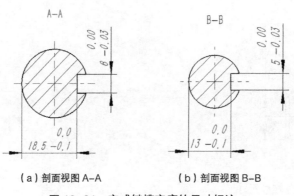

（a）剖面视图 A–A　　　　　　　　　（b）剖面视图 B–B

图 10–81　完成键槽宽度的尺寸标注

10.5.6　标注形位公差

（1）在顶部工具栏中选择【注解】选项卡，单击 [A] 【基准特征】按钮，再单击主动轴第一阶梯的尺寸线，使其确定基准所在直线，然后移动鼠标使基准标识与尺寸线在同一直线上，再次单击放置基准标识，然后单击 ✓【确定】按钮。为使基准标识得更清楚，单击尺寸线并按照 10.5.5 步骤（4）将【引线】类型更改为 [⌐]【里面】，完成更改后的效果如图 10-82 所示。

（2）在顶部工具栏中选择【注解】选项卡，单击 [⊡⊡]【形位公差】按钮，弹出对话框，根据实际要求在第一行的【符号】一栏选择 ◎【同轴度】，然后单击 ⌀【直径】按钮，在【公差 1】一栏手动输入【0.05】，勾选【公差 2】一栏并手动输入【A】，如图 10-83 所示，然后单击【确定】按钮。

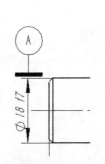

图 10–82　完成基准特征的标注

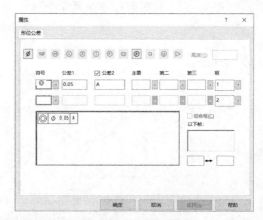

图 10–83　设置对话框

（3）此时软件会自动将形位公差框插入工程图中，按住鼠标左键将其移动到主动轴中间段的合适位置，选中形位公差框，软件会在左侧自动弹出属性管理器，如图 10-84 所示，在【引线】选项组中选择 [✓]【引线】，并在第二行选择 [√]【垂直引线】，完成后单击 ✓【确定】按钮。

（4）在引线上长按鼠标左键即可拖曳其位置，将其与主动轴中间段的尺寸线对齐，如图 10-85 所示。

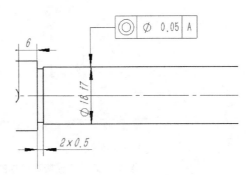

图 10-84　【形位公差】属性管理器　　　　　图 10-85　完成形位公差的标注

10.5.7　标注表面粗糙度

（1）在顶部工具栏中选择【注解】选项卡，单击√【表面粗糙度符号】按钮，软件会自动在左侧弹出属性管理器，在【符号】选项组中单击√【要求表面切削加工】按钮，如图 10-86 所示，在【最小粗糙度】一栏输入要求的数值，首先进行主动轴表面粗糙度的标注，输入【1.6】，此时光标移动到工程图区域会自动带有如"√"的表面粗糙度符号。将光标移至边线处，单击即可直接放置表面粗糙度符号；如需在尺寸线上进行标注，先单击尺寸线，再单击放置表面粗糙度符号，此时若光标在尺寸线上方则正向放置，如"√"，若光标在尺寸线下方则反向放置，如"√"，从左向右依次进行标注，完成后单击√【确定】按钮，最终效果如图 10-87 所示。

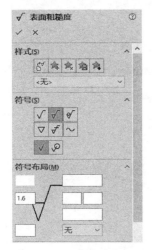

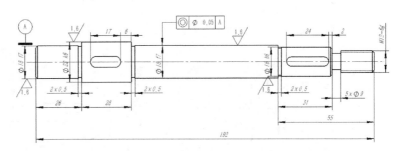

图 10-86　设置属性管理器　　　　　　　图 10-87　完成主动轴的表面粗糙度标注

（2）对剖面视图 A-A 和剖面视图 B-B 进行表面粗糙度标注。根据步骤（1）在【表面粗糙度】属性管理器的【符号】选项组中单击√【要求表面切削加工】按钮，在【最小粗糙度】一栏输入【6.3】，然后分别在两个剖面视图的槽深尺寸线处进行标注，最终效果如图 10-88 所示。

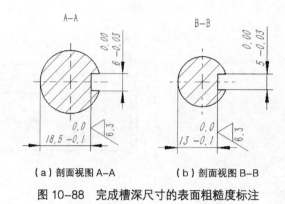

（a）剖面视图 A-A   （b）剖面视图 B-B

图 10-88　完成槽深尺寸的表面粗糙度标注

（3）在顶部工具栏中选择【草图】选项卡，单击 ∕【直线】按钮，绘制图 10-89 所示的折线，然后根据步骤（1）返回顶部工具栏的【注解】选项卡，单击 √【表面粗糙度符号】按钮，在【表面粗糙度】属性管理器的【符号】选项组中单击 ☑【要求表面切削加工】按钮，在【最小粗糙度】一栏输入【3.2】，然后分别在两个折线的水平线处进行标注，完成后单击 ✔【确定】按钮，最终效果如图 10-90 所示。

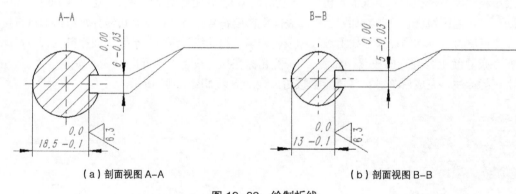

（a）剖面视图 A-A   （b）剖面视图 B-B

图 10-89　绘制折线

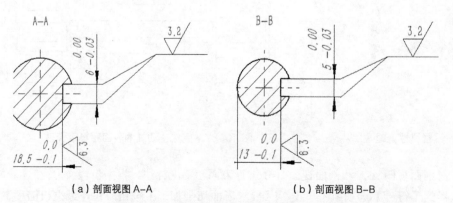

（a）剖面视图 A-A   （b）剖面视图 B-B

图 10-90　完成槽宽尺寸的表面粗糙度标注

10.5.8　添加注释文字

（1）在顶部工具栏中选择【注解】选项卡，单击 **A**【注释】按钮，在工程图右下角适当的区域单击放置文本框，手动输入如下文字：技术要求 1. 全部倒角 1×45° 2. 调质处理 220-250HB。在弹出的【格式化】对话框中，将【字号】改为【20】，如图 10-91 所示，然后单击 ✓【确定】按钮，完成后按住鼠标左键拖曳微调位置。

（2）根据 10.5.7 步骤（1）创建一个【要求表面切削加工】且【最小粗糙度】为【12.5】的表面粗糙度标识，并将其放于整张图纸的右上方，在顶部工具栏中选择【注解】选项卡，单击 **A**【注释】按钮，在表面粗糙度标识的左侧放置文本框，手动输入如下文字：其余，对未进行表面粗糙度标注的表面进行声明，效果如图 10-92 所示。

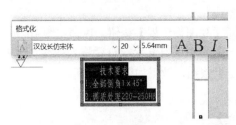

图 10-91　添加注释文字　　　　　图 10-92　添加未进行表面粗糙度的声明

10.5.9　文件保存

（1）若要进行与零件相关联的保存，即更改零件尺寸或形状时，工程图会联动更新，则按常规单击顶部工具栏中的 ■【保存】按钮即可。

（2）若要保存分离的工程图，则在顶部工具栏中选择【文件】|【另存为】菜单命令，在弹出的【另存为】对话框中，将【保存类型】改为【分离的工程图】即可。

10.6　虎钳装配图范例

本范例将讲解生成图 10-93 所示虎钳装配模型的装配图的步骤与方法，生成的装配图如图 10-94 所示。

图 10-93　虎钳装配模型

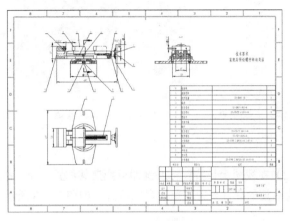

图 10-94　虎钳装配图

10.6.1 创建工程图前的准备

（1）打开【配套数字资源 \ 第 10 章 \ 范例文件 \10.6\10.6.SLDASM】文件，选择【文件】|【从零件制作工程图】菜单命令，弹出【新建 SOLIDWORKS 文件】对话框，单击【工程图】按钮，再单击【确定】按钮。

（2）更改【总绘图标准】为【GB】、【尺寸】|【文本】|【字体】|【字体样式】为【倾斜】，然后单击【确定】按钮完成设置。

10.6.2 插入视图

（1）单击图 10-95 所示右侧工具栏中的 【视图调色板】按钮，以调出图 10-96 所示的任务窗格，长按鼠标左键选中【前视】，将其放置于图纸的适当位置，然后将光标移动至前视图的下方，软件会自动对齐并放置下视图，单击 ✔【确定】按钮，效果如图 10-97 所示。

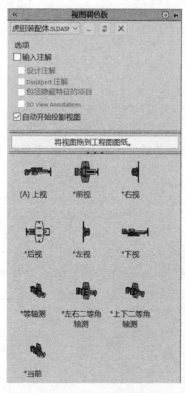

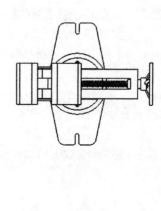

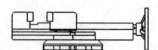

图 10-95 右侧工具栏　　　图 10-96 任务窗格　　　图 10-97 虎钳装配体的前视图和下视图

（2）在视图上长按鼠标左键即可拖曳其位置，将下视图移至上方，并将两个视图向图纸左侧移动，为后期的零件材料表留出足够位置，如图 10-98 所示。

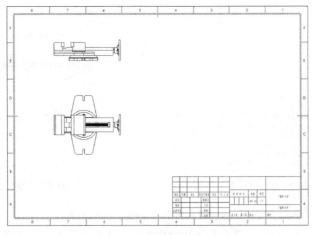

图 10-98　完成视图位置的移动

10.6.3　添加交替位置视图

（1）交替位置视图是指装配体中活动部件的移动范围，本范例中的移动部件就是与虎钳螺杆配合的活动座，利用螺杆的转动实现活动座的直线移动。

（2）在顶部工具栏中选择【工程图】选项卡，单击 【交替位置视图】按钮，首先选择下视图确定交替位置视图要添加的视图，然后在图 10-99 所示属性管理器的【配置】选项组中保持选择【新配置】，单击 ✔【确定】按钮，软件会打开装配体模型，选中活动座并将其拖曳到右侧的极限位置处，如图 10-100 所示，单击 ✔【确定】按钮并等待软件计算，返回装配图界面，即可实现图 10-101 所示的交替视图的添加。

图 10-99　【交替位置视图】属性管理器

图 10-100　活动座的右极限位置

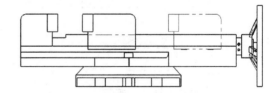

图 10-101　完成活动座交替视图的添加

10.6.4　绘制剖面视图

（1）在顶部工具栏中选择【草图】选项卡，利用 ∕【直线】工具在下视图的中点处绘制直线，如图 10-102 所示，然后单击 ✔【确定】按钮。

（2）在顶部工具栏中选择【工程图】选项卡，首先单击选中左侧直线，然后单击 ⊃【剖面视图】按钮，弹出对话框，按图 10-103 所示的参数进行设置，然后单击【确定】按钮；将剖面视图 A-A 放置在合适位置，如图 10-104 所示，然后单击确认放置。

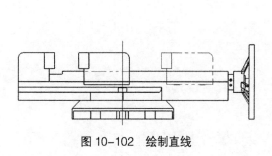

图 10-102 绘制直线

图 10-103 设置对话框

（3）为使剖面线更加清楚地区分不同零部件，在剖面视图 A-A 上单击选择虎钳体，即上半部分的剖面线，弹出【区域剖面线 / 填充】属性管理器，在【属性】选项组中取消勾选【材质剖面线】复选框，然后在 【剖面线图样比例】文本框中输入【3】，如图 10-105 所示，完成后单击 ✔【确定】按钮，即可完成剖面视图 A-A 剖面线密度的修改，如图 10-106 所示。

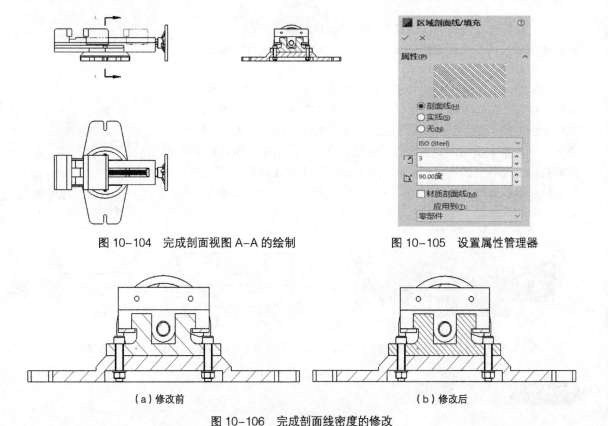

图 10-104 完成剖面视图 A-A 的绘制

图 10-105 设置属性管理器

（a）修改前

（b）修改后

图 10-106 完成剖面线密度的修改

10.6.5 绘制断开的剖视图

（1）在顶部工具栏中选择【工程图】选项卡，单击 【断开的剖视图】按钮，进入样条曲线绘制模式，绘制图 10-107 所示的样条曲线，并形成封闭图形，然后软件会弹出【剖面视图】对话框，在【不包括零部件 / 筋特征】复选框内选中【虎钳体】，保持勾选【自动加剖面线】【不包括扣件】复选框，然后单击✔【确定】按钮，打开【断开的剖视图】属性管理器，在【深度】选项组的⊗【深度】文本框中输入【130】，如图 10-108 所示，完成后单击✔【确定】按钮，生成图 10-109 所示的局部剖面视图。

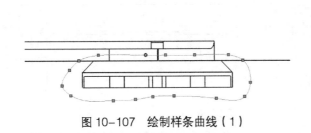

图 10-107　绘制样条曲线（1）　　　　　　　　图 10-108　设置属性管理器

（2）根据 10.6.4 步骤（3），更改其【剖面线图样比例】为【4】，完成后单击✔【确定】按钮，效果如图 10-110 所示。

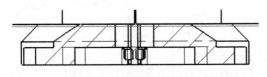
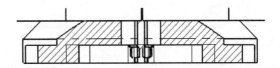

图 10-109　完成底座断开的剖视图绘制　　　图 10-110　完成剖面线图样比例的修改

（3）根据本小节步骤（1），在左侧固定的钳口铁处添加断开的剖视图，首先绘制图 10-111 所示的样条曲线，无须勾选【不包括零部件 / 筋特征】复选框，保持勾选【自动加剖面线】【不包括扣件】复选框，然后单击【确定】按钮，打开【断开的剖视图】属性管理器，在【深度】选项组的⊗【深度】文本框中输入【210】，并更改左侧的【剖面线图样比例】为【2】、右侧的为【4】，完成后单击✔【确定】按钮，效果如图 10-112 所示。

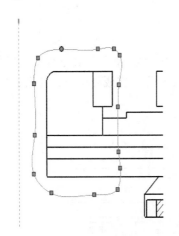

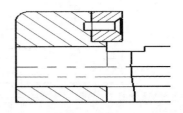

图 10-111　绘制样条曲线（2）　　　　　图 10-112　完成钳口铁断开的剖视图绘制

（4）为使虎钳体的内部构造更加清晰，再添加一个断开的剖视图。在活动座右侧极限位置的下方绘制图 10-113 所示的样条曲线，在【不包括零部件 / 筋特征】复选框内选中【虎钳手轮】，然后单击【确定】按钮，打开【断开的剖视图】属性管理器，在【深度】选项组的 ⚙ 【深度】文本框中输入【200】，生成图 10-114 所示的局部剖面视图。然后更改上方的【剖面线图样比例】为【4】、下方的为【5】，完成后单击 ✓ 【确定】按钮，效果如图 10-115 所示。

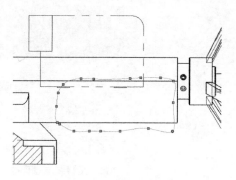

图 10-113　绘制样条曲线

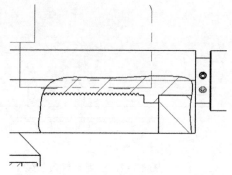

图 10-114　完成虎钳体断开的剖视图绘制

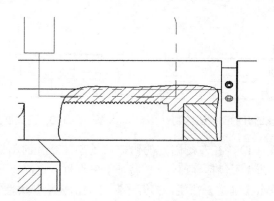

图 10-115　完成剖面线图样比例的修改

10.6.6　绘制中心线和中心符号线

（1）在顶部工具栏中选择【注解】选项卡，单击 ⊞ 【中心线】按钮，在下视图左侧钳口铁的断开的剖视图和正下方的紧固螺母处添加中心线，如图 10-116 所示，完成后单击 ✓ 【确定】按钮。

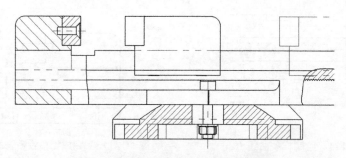

图 10-116　完成下视图中心线的绘制

（2）同理，在剖面视图 A-A 的正中心处和两个紧固螺钉处添加中心线，如图 10-117 所示，完成后单击 ✓【确定】按钮。

（3）在顶部工具栏中选择【注解】选项卡，单击 ⊕【中心符号线】按钮，在前视图底座的大圆处添加中心符号线，如图 10-118 所示，完成后单击 ✓【确定】按钮。

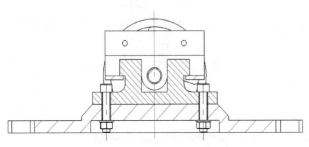 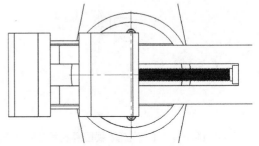

图 10-117　完成中心线的绘制　　　　图 10-118　完成前视图中心符号线的绘制

10.6.7　标注装配图尺寸

（1）进行所有水平尺寸的标注。在顶部工具栏中选择【注解】选项卡，单击 ◇【智能尺寸】下拉菜单中的 ⊟【水平尺寸】按钮，依次单击需要标注的两条线段，然后拖曳尺寸至合适位置后单击放置尺寸，并在【尺寸】属性管理器的【公差 / 精度】选项组中更改其 ⁑【单位精度】为【无】，完成后单击 ✓【确定】按钮，效果如图 10-119 所示。

（2）进行所有竖直尺寸的标注。在顶部工具栏中选择【注解】选项卡，单击 ◇【智能尺寸】下拉菜单中的 ⊡【竖直尺寸】按钮，分别对 3 个视图进行标注。在下视图中标注虎钳手轮的套筒时需要进行公差配合的标注，将【尺寸】属性管理器的【公差 / 精度】选项组中的 ⁑【公差类型】选择为【套合】，将 ⑯【孔套合】选择为【H8】，将 ◎【轴套合】选择为【f7】，并单击 ⁑【以直线显示层叠】按钮，更改 ⁑【单位精度】为【无】，如图 10-120 所示，完成后下视图竖直尺寸的标注如图 10-121 所示。

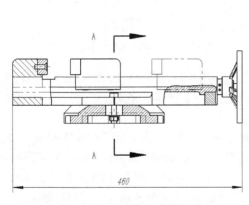 

图 10-119　水平尺寸的标注　　　　　　图 10-120　设置属性管理器

（3）在顶部工具栏中选择【注解】选项卡，单击 【智能尺寸】按钮，对剖面视图 A-A 的螺纹孔进行标注，效果如图 10-122 所示。

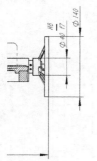

图 10-121　完成下视图竖直尺寸的标注　　　　图 10-122　完成螺纹孔的尺寸标注

10.6.8　添加材料明细表

（1）在顶部工具栏中选择【注解】选项卡，单击 【表格】下拉菜单中的 【材料明细表】按钮，然后按照软件提示首先选择下视图作为指定的模型，弹出图 10-123 所示的属性管理器，单击 【确定】按钮，此时光标会带有生成的材料明细表，将其右边线与图纸的右侧对齐，下边线与图纸格式表的上边线对齐，再根据需要更改列宽，效果如图 10-124 所示。

图 10-123　【材料明细表】属性管理器　　　　图 10-124　插入材料明细表

（2）将光标移至材料明细表的左上角，出现 图标后，单击打开图 10-125 所示的对话框，单击 【使用文档字体】按钮，再单击 【表格标题在下】按钮，完成设置的材料明细表如图 10-126 所示。

（3）将表中的英文标注改为中文标注，如【项目号】为【3】的【FASTENER_SCREWS】可译为【紧固螺钉】。用鼠标双击单元格，将其型号【GB-HSHCS M10X50-N】在同行的【说明】列中填入。另外，【FASTENER_WASHER】可译为【紧固垫圈】；【FASTENER_NUT】可译为【紧固螺母】；【CROSS_SCREWS】可译为【十字螺钉】，完成修改的材料明细表如图 10-127 所示。

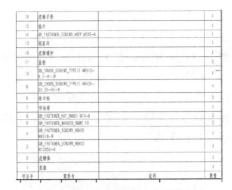

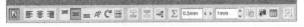

图 10-125　设置表格属性

16	虎钳手轮		1
15	垫片		1
14	GB_FASTENER_SCREWS_HSFP M5X5-N		1
13	锁紧环		1
12	虎钳螺杆		1
11	盖板		2
10	GB_CROSS_SCREWS_TYPE10 M6X12-8.7-H1-N		4
9	GB_CROSS_SCREWS_TYPE10 M6X25-20.35-H1-N		4
8	钳口铁		2
7	活动座		1
6	GB_FASTENER_NUT_SNAB1 M10-N		2
5	GB_FASTENER_WASHER_SMWC 10		2
4	GB_FASTENER_SCREWS_HSHCS M8X16-N		1
3	GB_FASTENER_SCREWS_HSHCS M10X50-N		2
2	虎钳体		1
1	底座		1
项目号	零件号	说明	数量

图 10-126　完成设置的材料明细表

（4）为使表格更加清晰明了，接下来将行高度进行统一。将光标移至材料明细表的左上角，出现图标后，单击鼠标右键选择菜单栏中的【格式化】|【行高度】命令，弹出图 12-128 所示的对话框，在【行高度】文本框中输入【7】，然后单击【确定】按钮，效果如图 10-129 所示。如果添加的材料明细表挡住了剖面视图 A-A，可以对视图位置或者行高度进行调整。

16	虎钳手轮		1
15	垫片		1
14	紧固螺钉	GB-HSFP M5X5-N	1
13	锁紧环		1
12	虎钳螺杆		1
11	盖板		2
10	十字螺钉	GB-TYPE10 M6X12-8.7-H1-N	4
9	十字螺钉	GB-TYPE10 M6X25-20.35-H1-N	4
8	钳口铁		2
7	活动座		1
6	紧固螺母	GB-SNAB1 M10-N	2
5	紧固垫圈	GB-SMWC 10	2
4	紧固螺钉	GB-HSHCS M8X16-N	1
3	紧固螺钉	GB-HSHCS M10X50-N	2
2	虎钳体		1
1	底座		1
项目号	零件号	说明	数量

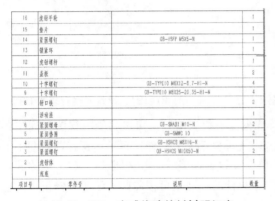

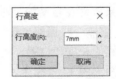

图 10-127　完成修改的材料明细表

图 10-128 【行高度】对话框

16	虎钳手轮		1
15	垫片		1
14	紧固螺钉	GB-HSFP M5X5-N	1
13	锁紧环		1
12	虎钳螺杆		1
11	盖板		2
10	十字螺钉	GB-TYPE10 M6X12-8.7-H1-N	4
9	十字螺钉	GB-TYPE10 M6X25-20.35-H1-N	4
8	钳口铁		2
7	活动座		1
6	紧固螺母	GB-SNAB1 M10-N	2
5	紧固垫圈	GB-SMWC 10	2
4	紧固螺钉	GB-HSHCS M8X16-N	1
3	紧固螺钉	GB-HSHCS M10X50-N	2
2	虎钳体		1
1	底座		1
项目号	零件号	说明	数量

图 10-129　完成调整的材料明细表

10.6.9　添加零件序号

（1）首先在图纸选中下视图，然后在顶部工具栏中选择【注解】选项卡，单击【自动零件序号】

按钮，软件会自动为其进行零件序号的标注，在弹出的【自动零件序号】属性管理器中的【项目号】选项组中选中 1,2 【按序排列】，并保持【零件序号布局】选项组中的【插入磁力线】复选框不勾选，如图 10-130 所示，然后单击 ✓ 【确定】按钮。

（2）现在零件序号的标注过于密集，需要将距离视图太近的零件序号拖曳至合适位置。选中任意零件序号，软件会在左侧弹出【零件序号】属性管理器，在底端单击【更多属性】按钮，打开【注释】属性管理器，在【引线】选项组下的【箭头样式】中选择——●，如图 10-131 所示，完成后单击 ✓ 【确定】按钮。

图 10-130　设置属性管理器（1）　　　　图 10-131　设置属性管理器（2）

（3）如果零件在自动编号时，在其他视图看得更清楚，可以将当前视图的标注删除，如下视图的 13 号为底座，在顶部工具栏中单击 ① 【零件编号】按钮，再单击选择前视图上的底座，拖曳鼠标更改引线的长度和位置，然后再次单击放置零件编号，并按照步骤（2）更改其箭头样式，最后删除下视图上的 13 号标注。同理，虎钳螺杆的标注也可按照此方法进行修正，修正后的效果如图 10-132 所示。

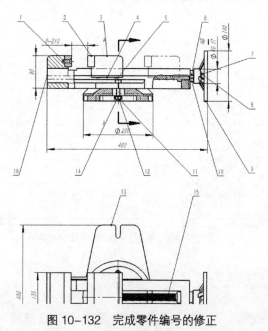

图 10-132　完成零件编号的修正

10.6.10　添加注释文字

在顶部工具栏中选择【注解】选项卡，单击 **A**【注释】按钮，在右下角适当的区域单击放置文本框，手动输入如下文字：技术要求装配后保证螺杆转动灵活，在弹出的【格式化】对话框中，将【字号】改为【20】，完成后单击 ✓【确定】按钮，效果如图 10-133 所示。至此即完成了装配图的绘制。

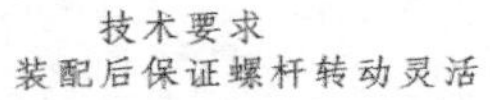

技术要求
装配后保证螺杆转动灵活

图 10-133　添加注释文字

第 11 章
标准零件库

　　SolidWorks Toolbox 插件包括标准零件库、凸轮设计、凹槽设计和其他设计工具。利用 Toolbox 插件可以选择具体的标准和想插入的零件类型，然后将零部件拖曳到装配体中，也可自定义 Toolbox 零件库，使之包括一定的标准，或者包括最常引用的零件。本章主要介绍 SolidWorks Toolbox 插件简介、标准零件的生成。

重点与难点

- SolidWorks Toolbox 概述

- 标准零件的生成

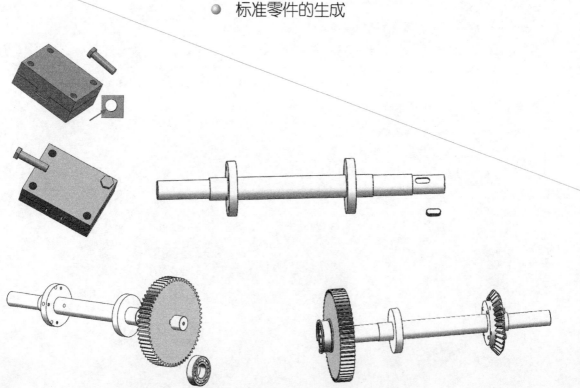

11.1　SolidWorks Toolbox 概述

SolidWorks Toolbox（后文简称为 Toolbox）包含所支持标准的主零件文件的文件夹。在 SolidWorks 中使用新的零部件时，Toolbox 会根据用户的参数设置更新主零件文件以记录配置信息。

Toolbox 支持的国际标准包括 ANSI、AS、BSI、CISC、DIN、GB、ISO、IS、JIS 和 KS。Toolbox 包括轴承、螺栓、凸轮、齿轮、钻模套管、螺母、销钉、扣环、螺钉、链轮、结构形状（包括铝和钢）、正时皮带和垫圈等金件。

在 Toolbox 中所提供的扣件为近似形状，不包括精确的螺纹细节，因此不适用于某些分析，如应力分析。Toolbox 的齿轮为机械设计展示所用，它们并不是真实的渐开线齿轮。此外，Toolbox 提供数种工程设计工具，包括以下几种。

- 决定横梁的应力和偏转的横梁计算器。
- 决定轴承的能力和寿命的轴承计算器。
- 将标准凹槽添加到圆柱零件的凹槽。
- 作为草图添加到零件的结构钢横断面。

11.1.1　Toolbox 管理员

Toolbox 包括标准零件库，与 SolidWorks 合为一体。作为 Toolbox 管理员，可以将 Toolbox 零部件放置在具体的网络位置中，并精简 Toolbox，使其只包括与具体的产品相关的零件，也可控制对 Toolbox 库的访问，以防止用户更改 Toolbox 零部件，还可以指定如何处理零部件文件，并给 Toolbox 零部件指派零件号和其他自定义属性。Toolbox 管理员管理的内容如下。

1. 管理 Toolbox

Toolbox 管理员在 SolidWorks 设计库中管理可重新使用的 CAD 文件。作为管理员应熟悉机构所需的标准及用户常用的那些零部件，如螺母和螺栓。此外，应知道每种 Toolbox 零部件类型所需的零件号、说明及材料。

2. 放置 Toolbox 文件夹

Toolbox 文件夹是 Toolbox 零部件的中央位置，Toolbox 文件夹必须可以为所有用户所访问。作为 Toolbox 管理员，应决定将 Toolbox 文件夹定位在网络上的什么位置，可在安装 Toolbox 时设定 Toolbox 文件夹位置。

3. 精简 Toolbox

默认情况下，Toolbox 包括 12 种标准的 2000 多种大小的零部件类型，以及其他业界的特定内容，从而产生上百万种零部件。作为 Toolbox 管理员，可以过滤默认的 Toolbox 服务内容，这样 Toolbox 用户可以只访问机构所需的那些零部件。精简 Toolbox 可使用户花费更少的时间搜索零部件或决定使用哪些零部件。

4. 指定零部件文件类型

作为 Toolbox 管理员，可决定 Toolbox 零部件文件的大小，文件的作用如下。

- 作为单一零件文件的配置。
- 作为每种大小的单独零件文件。

5. 指派零件号

作为 Toolbox 管理员，可在用户参考引用前给 Toolbox 零部件指派零件号和其他自定义属性（如材料），从而使装配体设计和生成的材料明细表更有效。当事先指派零件号和属性时，用户不必在每次参考引用 Toolbox 零部件时都进行此操作。

11.1.2 安装 Toolbox

1. 安装 Toolbox

安装时，可随同 SolidWorks Premium 或 SolidWorks Professional 一起安装，推荐将 Toolbox 数据安装到共享的网络位置或 SolidWorks Enterprise PDM 库中。通过使用公用位置，所有 SolidWorks 用户可以共享一致的零部件信息。

2. 启动 Toolbox 插件

一旦完成安装，就必须激活 SolidWorks Toolbox 插件。Toolbox 包括以下两个插件。

- ◦ SolidWorks Toolbox 装载钢梁计算器、轴承计算器，以及生成凸轮、凹槽和结构钢所用的工具。
- ◦ SolidWorks Toolbox Browser 装入 Toolbox 配置工具和 Toolbox 设计库任务窗格，可在设计库任务窗格中访问 Toolbox 零部件。

激活 Toolbox 插件的步骤如下。

（1）在 SolidWorks 菜单中选择【工具】|【插件】命令。

（2）在【插件】对话框中的【活动插件】和【启动】下选择【SolidWorks Toolbox】或【SolidWorks Toolbox Browser】选项，也可以两者都选择。

（3）单击【确定】按钮。

11.1.3 配置 Toolbox

1. 配置 Toolbox

Toolbox 管理员使用 Toolbox 配置工具来选择并自定义五金件，并设置用户优先参数和权限，最佳做法是在使用 Toolbox 前对其进行配置。配置 Toolbox 的步骤如下。

（1）从 Windows 操作系统中选择【开始】|【所有程序】|【SolidWorks 版本】|【SolidWorks 工具】|【Toolbox 设定】菜单命令，或者在 SolidWorks 中选择【工具】|【选项】|【系统选项】|【异型孔向导 /Toolbox】菜单命令，并单击【配置】按钮。

（2）如果 Toolbox 受 Enterprise PDM 管理，在提示时单击【是】按钮，以检出 Toolbox 数据库。

（3）要选择标准五金件，单击选取五金件；要简化 Toolbox 配置，只选取使用的标准和器件。

（4）要选择大小和其他值，定义自定义属性，并添加零件号，然后单击【自定义五金件】按钮；要减少配置数，选择每个标准和自定义属性，然后取消选择未使用的大小和数值。

（5）要设定 Toolbox 用户首选项，单击【用户设定】按钮。

（6）要用密码保护 Toolbox 不受未授权访问并为 Toolbox 功能设定权限，单击【权限】按钮。

（7）要指定默认智能扣件、异型孔向导孔，以及其他扣件优先设定，单击【智能扣件】按钮。

（8）单击 【保存】按钮。

（9）单击 【关闭】按钮。

2. 选取五金件

在 SolidWorks 中，选择【工具】|【选项】|【异形孔向导 /Toolbox】|【配置】菜单命令，然后

单击【选取五金件】按钮。使用左窗格或单击右窗格中的文件夹导览来选取五金件。

- 左窗格

在 Toolbox 标准下，左窗格列出标准、类别和类型，如图 11-1 所示。

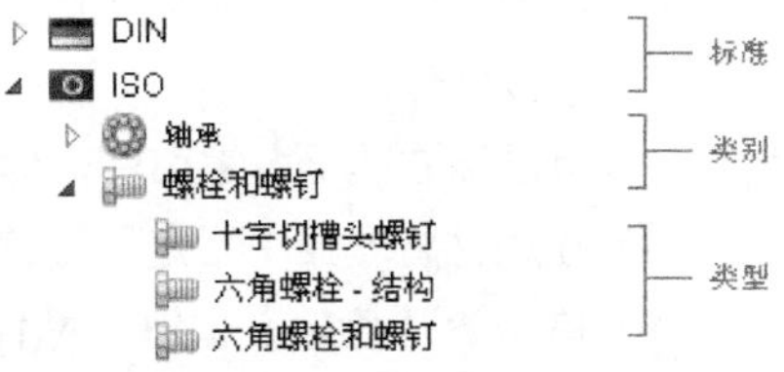

- 右窗格

要移除某项，取消勾选复选框。一旦移除，此项将在左窗格和右窗格中禁用，除非将其重新勾选。要打开标准、类别或类型，单击右窗格中的文件夹即可。

图 11-1　标准、类别和类型

3. 自定义五金件

使用自定义五金件选择零部件大小，输入属性值并输入零件号。

4. 智能扣件

使用智能扣件为使用异型孔和非异型孔的扣件设置默认值和其他设定。在 SolidWorks 中，选择【工具】|【选项】|【异形孔向导孔 /Toolbox】|【配置】菜单命令，然后单击【智能扣件】按钮。

（1）螺垫大小。

根据智能扣件的大小，从选项中选择以限制可用的螺垫类型。

- 【完全相配】：将可用类型限制到与扣件大小完全匹配的螺垫。
- 【大于公差】：将可用类型限制到在输入的公差内与扣件大小匹配的孔直径。
- 【无限制】：使所有螺垫类型都可使用。

（2）自动扣件更改。

当硬件层叠变化时，扣件的长度随之变化；当扣件大小变化时，层叠硬件的大小也随之变化。更改扣件长度以确保启用最少螺纹线，调整扣件长度以满足螺纹线需求。

- 【螺纹线超越螺母】：增加扣件长度以确保指定的螺纹线数量超越螺母。
- 【直径进入螺纹孔的倍数】：根据扣件直径的倍数设置扣件啮合螺纹孔的最小长度。

11.1.4　生成零件

从 Toolbox 零部件中生成零件的操作步骤如下。

（1）在 【设计库】任务窗格中，在 【Toolbox】下展开【标准】|【类别】|【零部件】选项，可用的零部件的图像和说明即会出现在任务窗格中。

（2）用鼠标右键单击零部件，然后在弹出的快捷菜单中选择【生成零件】命令。

（3）在属性管理器中设置属性值。

（4）单击 √ 【确定】按钮。

11.1.5　将零部件添加到装配体

将 Toolbox 零部件插入装配体中的操作步骤如下。

（1）打开装配体。

（2）在 【设计库】任务窗格中，在 【Toolbox】下展开【标准】|【类别】|【零部件】选项，可用零部件的图像和说明即会出现在任务窗格中。

（3）执行以下操作之一。

- 将零部件拖曳到装配体中。如果将零部件放在合适的特征旁边，SmartMate 将在装配体中定位零件。
- 用鼠标右键单击零部件，然后单击插入装配体，预选孔的圆形边线。

（4）在属性管理器中指定属性值。

（5）单击 ✔【确定】按钮，零件将出现在装配体中。

11.1.6　能够自动调整大小的 Toolbox 零部件

某些 Toolbox 零部件会适应它们被拖曳到的几何体的大小，这些零部件被称为智能零部件。以下 Toolbox 零部件支持自动调整大小。

- 螺栓和螺钉。
- 螺母。
- 扣环。
- 销钉。
- 垫圈。
- 轴承。
- O 型密封圈。
- 齿轮。

使用 Toolbox 自带的智能零部件的基本操作如下。

（1）选择要在其中放置该零部件的孔。将该智能零部件拖曳至孔的附近，这时会显示精确的预览，如图 11-2 所示。

（2）在属性管理器中设置以下选项。

- 调整属性中的值。
- 在选项中选择自动调整到配合几何体的大小。

（3）拖曳智能零部件到孔中，并将其放置，如图 11-3 所示。

图 11-2　螺钉与孔的预览

图 11-3　螺钉与孔的配合

（4）单击 ✔【确定】按钮。

11.2　标准件建模范例

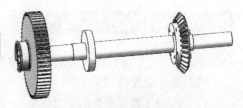

本范例将利用标准件来创建装配体，模型如图 11-4 所示。

图 11-4　阶梯轴装配模型

11.2.1　新建 SolidWorks 装配体并保存文件

（1）启动中文版 SolidWorks 软件，单击【文件】工具栏中的 □【新建】按钮，弹出【新建 SOLIDWORKS 文件】对话框，如图 11-5 所示，单击【装配体】按钮，再单击【确定】按钮。

（2）在弹出的【打开】对话框中，选择第一个要插入的零件几何体【阶梯轴】，单击【打开】按钮，如图 11-6 所示。

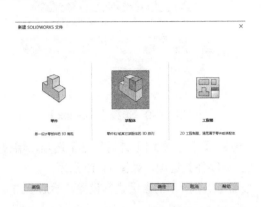

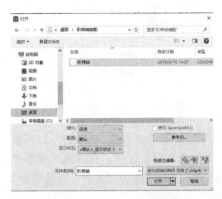

图 11-5　【新建 SOLIDWORKS 文件】对话框　　　　图 11-6　【打开】对话框

（3）在 SolidWorks【装配体】界面合适位置单击放置第一个零件几何体，选择【文件】|【另存为】菜单命令，弹出【另存为】对话框，如图 11-7 所示，在【文件名】文本框中输入【阶梯轴装配】，单击【保存】按钮。

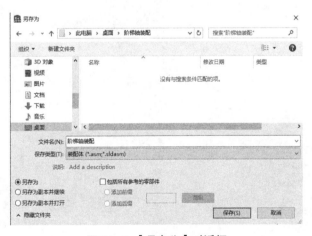

图 11-7　【另存为】对话框

11.2.2　从 Toolbox 中生成键并装配

（1）选择【工具】|【插件】菜单命令，弹出【插件】对话框，勾选 Toolbox 的两个复选框，如图 11-8 所示，单击【确定】按钮，启动 Toolbox 插件。

（2）在 SolidWorks【任务】界面中单击【设计库】按钮，并在【设计库】中选择【Toolbox】选项，如图 11-9 所示。

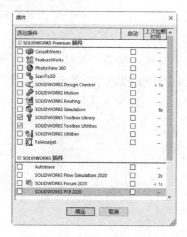

图 11-8　启动 Toolbox 插件

图 11-9　选择【Toolbox】

（3）在【Toolbox】选项中选择【GB】|【键和销】|【平行键】|【普通平键】选项，用鼠标右键单击【普通平键】按钮，在弹出的菜单中选择【生成零件】选项，如图 11-10 所示。

（4）在弹出的【配置零部件】属性管理器中，按图 11-11 所示的参数进行设置，然后单击 ✔【确定】按钮。

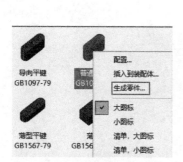

图 11-10　选择【生成零件】

图 11-11　设置属性管理器

（5）在菜单【窗口】中，单击所生成的 Toolbox 零件可以进入其界面，如图 11-12 所示。

（6）选择【文件】|【另存为】菜单命令，弹出【另存为】对话框，在【文件名】文本框中输入【键】，单击【保存】按钮，保存零件后关闭该零件。

（7）单击【装配体】工具栏中的 🗄【插入零部件】按钮，在弹出的【打开】对话框中选择要插入的键零件，单击【打开】按钮。

（8）在 SolidWorks【装配体】界面的合适位置单击放置零件几何体，如图 11-13 所示。

图 11-12　选择生成的 Toolbox 零件

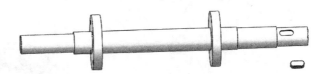

图 11-13　插入零件几何体

（9）单击【装配体】工具栏中的 ◎【配合】按钮，在
【配合选择】选项组中选择键零件几何体的下表面和阶梯
轴零件几何体的键槽面，在【标准配合】选项组中选择 人
【重合】配合，如图 11-14 所示，单击 ✓【确定】按钮。

（10）在【配合选择】选项组中选择键零件几何体的
圆弧面和阶梯轴零件几何体的键槽圆弧面，在【标准配
合】选项组中选择 ◎【同轴心】配合，如图 11-15 所示，
单击 ✓【确定】按钮。

（11）在【配合选择】选项组中选择键零件几何体的
侧面和阶梯轴零件几何体的键槽侧面，在【标准配合】选
项组中选择 人【重合】配合，如图 11-16 所示，单击 ✓【确定】按钮。

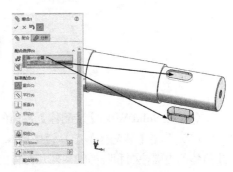

图 11-14　重合配合（1）

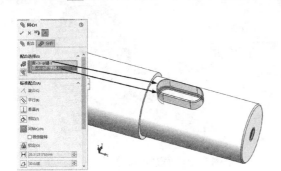

图 11-15　同轴心配合

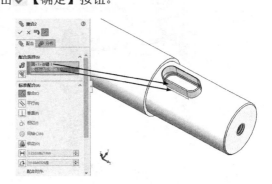

图 11-16　重合配合（2）

11.2.3　从 Toolbox 中生成正齿轮并装配

（1）在 SolidWorks【任务】界面中单击【设计库】按钮，并在【设计库】中选择【Toolbox】
选项。在【Toolbox】选项中选择【GB】|【动力传动】|【齿轮】|【正齿轮】选项，用鼠标右键
单击【正齿轮】按钮，在弹出的菜单中选择【生成零件】选项。在弹出的【配置零部件】属性管理
器中按图 11-17 所示的参数进行设置，然后单击 ✓【确定】按钮。

（2）在菜单【窗口】中，单击所生成的 Toolbox 零件可以进入其界面。选择【文件】|【另存为】
菜单命令，弹出【另存为】对话框，在【文件名】文本框中输入【正齿轮】，单击【保存】按钮，
保存零件后关闭该零件。

（3）单击【装配体】工具栏中的 ◎【插入零部件】按钮，在弹出的【打开】对话框中选择要
插入的正齿轮零件，单击【打开】按钮。

图 11-17　设置属性管理器

（4）在 SolidWorks【装配体】界面的合适位置单击放置零件几何体，如图 11-18 所示。

（5）单击【装配体】工具栏中的 ✍【配合】按钮，在【配合选择】选项组中选择正齿轮零件几何体的内圆柱面和阶梯轴零件几何体的圆柱面，在【标准配合】选项组中选择 ◎【同轴心】配合，如图 11-19 所示，单击 ✔【确定】按钮。

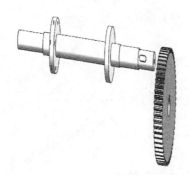

图 11-18　插入零件几何体

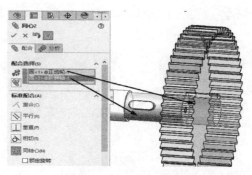

图 11-19　同轴心配合

（6）在【配合选择】选项组中选择键零件几何体的侧面和正齿轮零件几何体的键槽侧面，在【标准配合】选项组中选择 ⼈【重合】配合，如图 11-20 所示，单击 ✔【确定】按钮。

（7）在【配合选择】选项组中选择正齿轮零件几何体的平面和阶梯轴零件几何体的阶梯面，在【标准配合】选项组中选择 ⼈【重合】配合，如图 11-21 所示，单击 ✔【确定】按钮。

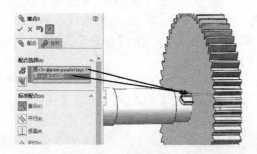

图 11-20　重合配合（1）

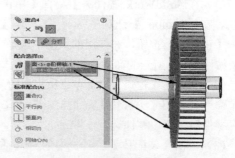

图 11-21　重合配合（2）

11.2.4　从 Toolbox 中生成轴承并装配

（1）在 SolidWorks【任务】界面中单击【设计库】按钮，并在【设计库】中选择【Toolbox】选项，在【Toolbox】选项中选择【GB】|【bearing】|【滚动轴承】|【调心球轴承】选项，用鼠标右键单击【调心球轴承】按钮，在弹出的菜单中选择【生成零件】选项。在弹出的【配置零部件】属性管理器中，按图 11-22 所示的参数进行设置，然后单击 ✔【确定】按钮。

图 11-22　设置属性管理器

（2）在菜单【窗口】中，单击所生成的 Toolbox 零件可以进入其界面。选择【文件】|【另存为】菜单命令，弹出【另存为】对话框，在【文件名】文本框中输入【轴承】，单击【保存】按钮，保存零件后关闭该零件。

（3）单击【装配体】工具栏中的 📌【插入零部件】按钮，在弹出的【打开】对话框中选择要插入的轴承零件，单击【打开】按钮。

（4）在 SolidWorks【装配体】界面的合适位置单击放置零件几何体，如图 11-23 所示。

图 11-23　插入零件几何体

（5）单击【装配体】工具栏中的 ◎【配合】按钮，在【配合选择】选项组中选择轴承零件几何体的内圆柱面和阶梯轴零件几何体的圆柱面，在【标准配合】选项组中选择 ◎【同轴心】配合，如图 11-24 所示，单击 ✔【确定】按钮。

（6）在【配合选择】选项组中选择轴承零件几何体的端面和阶梯轴零件几何体的端面，在【标准配合】选项组中选择 ⼈【重合】配合，如图 11-25 所示，单击 ✔【确定】按钮。

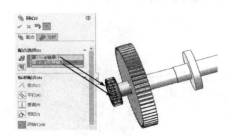

图 11-24　同轴心配合

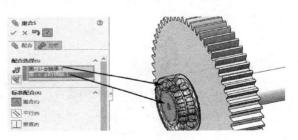

图 11-25　重合配合

11.2.5　从 Toolbox 中生成挡圈并装配

（1）在 SolidWorks【任务】界面中单击【设计库】按钮，并在【设计库】中选择【Toolbox】选项，在【Toolbox】选项中选择【GB】|【垫圈和挡圈】|【挡圈】|【孔用弹性挡圈】选项，用鼠标右键单击【孔用弹性挡圈】按钮，在弹出的菜单中选择【生成零件】选项。在弹出的【配置零部件】属性管理器中，按图 11-26 所示的参数进行设置，然后单击 ✓【确定】按钮。

图 11-26　设置属性管理器

（2）在菜单【窗口】中，单击所生成的 Toolbox 零件可以进入其界面。选择【文件】|【另存为】菜单命令，弹出【另存为】对话框，在【文件名】文本框中输入【挡圈】，单击【保存】按钮，保存零件后关闭该零件。

（3）单击【装配体】工具栏中的 🗗【插入零部件】按钮，在弹出的【打开】对话框中选择要插入的挡圈零件，单击【打开】按钮。

（4）在 SolidWorks【装配体】界面的合适位置单击放置零件几何体，如图 11-27 所示。

（5）单击【装配体】工具栏中的 ◈【配合】按钮，在【配合选择】选项组中选择挡圈零件几何体的外圆柱面和轴承零件几何体的外圆柱面，在【标准配合】选项组中选择 ◎【同轴心】配合，如图 11-28 所示，单击 ✓【确定】按钮。

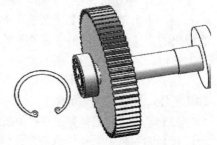

图 11-27　插入零件几何体

（6）在【配合选择】选项组中选择轴承零件几何体的端面和挡圈零件几何体的端面，在【标准配合】选项组中选择 ⟋【重合】配合，如图 11-29 所示，单击 ✓【确定】按钮。

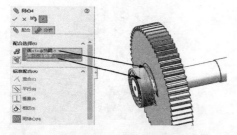

图 11-28　同轴心配合

图 11-29　重合配合

（7）单击【装配体】工具栏中的　【插入零部件】按钮，在弹出的【打开】对话框中选择要插入的轴承零件，单击【打开】按钮，在 SolidWorks【装配体】界面的合适位置单击放置零件几何体，如图 11-30 所示。

（8）单击【装配体】工具栏中的　【配合】按钮，在【配合选择】选项组中选择挡圈零件几何体的外圆柱面和轴承零件几何体的外圆柱面，在【标准配合】选项组中选择　【同轴心】配合，如图 11-31 所示，单击　【确定】按钮。

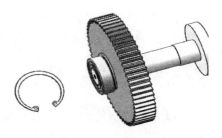

图 11-30　插入零件几何体

（9）在【配合选择】选项组中选择轴承零件几何体的端面和挡圈零件几何体的端面，在【标准配合】选项组中选择　【重合】配合，如图 11-32 所示，单击　【确定】按钮。

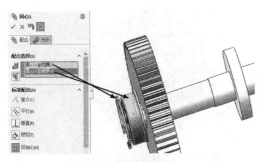

图 11-31　同轴心配合

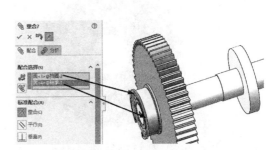

图 11-32　重合配合

11.2.6　从 Toolbox 中生成锥齿轮

（1）在 SolidWorks【任务】界面中单击【设计库】按钮，并在【设计库】中选择【Toolbox】选项，在【Toolbox】选项中选择【GB】|【动力传动】|【齿轮】|【直齿伞（齿轮）】选项，用鼠标右键单击【直齿伞（齿轮）】按钮，在弹出的菜单中选择【生成零件】选项。在弹出的【配置零部件】属性管理器中，按图 11-33 所示的参数进行设置，然后单击　【确定】按钮。

图 11-33　设置属性管理器

（2）在菜单【窗口】中，单击所生成的 Toolbox 零件可以进入其界面。选择【文件】|【另存为】菜单命令，弹出【另存为】对话框，在【文件名】文本框中输入【锥齿轮】，单击【保存】按钮。

11.2.7 在锥齿轮上打孔

（1）单击锥齿轮的正面，使其成为草图绘制平面。单击 【视图定向】下拉按钮中的 【正视于】按钮，并单击【草图】工具栏中的 【草图绘制】按钮，进入草图绘制状态。单击【草图】工具栏中的 【圆】按钮，绘制草图，效果如图 11-34 所示。

（2）单击【草图】工具栏中的 【智能尺寸】按钮，标注所绘制草图的尺寸，如图 11-35 所示。

图 11-34 绘制草图

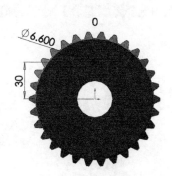

图 11-35 标注草图尺寸

（3）单击【特征】工具栏中的 【切除 - 拉伸】按钮，在【切除 - 拉伸】属性管理器的【从】选项组中选择【草图基准面】选项，在【方向 1】选项组中的 【终止条件】选项中选择【完全贯穿】选项，在【所选轮廓】选项组中选择圆形草图，如图 11-36 所示，单击 【确定】按钮。

（4）单击【特征】工具栏中 【线性阵列】下拉箭头中的 【圆周阵列】按钮，弹出【阵列（圆周）】属性管理器，在【方向 1】选项组中的 【阵列轴】选项中选择圆形边线，其余按图 11-37 所示的参数进行设置，然后单击 【确定】按钮，选择【文件】|【保存】菜单命令，保存后退出零件。

图 11-36 设置属性管理器（1）

图 11-37 设置属性管理器（2）

11.2.8 装配斜齿轮

（1）单击【装配体】工具栏中的 ✍【插入零部件】按钮，在弹出的【打开】对话框中选择要插入的锥齿轮零件，单击【打开】按钮。

（2）在 SolidWorks【装配体】界面的合适位置单击放置零件几何体，如图 11-38 所示。

（3）单击【装配体】工具栏中的 ◎【配合】按钮，在【配合选择】选项组中选择锥齿轮零件几何体的内圆柱面和阶梯轴零件几何体的圆柱面，在【标准配合】选项组中选择 ◎【同轴心】配合，如图 11-39 所示，单击 ✓【确定】按钮。

图 11-38　插入零件几何体

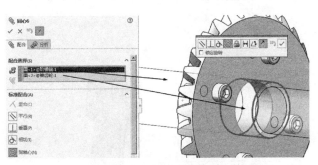

图 11-39　同轴心配合（1）

（4）单击【装配体】工具栏中的 ◎【配合】按钮，在【配合选择】选项组中选择锥齿轮零件几何体的通孔圆柱面和阶梯轴上凸圆的螺纹孔内圆柱面，在【标准配合】选项组中选择 ◎【同轴心】配合，如图 11-40 所示，单击 ✓【确定】按钮。

（5）在【配合选择】选项组中选择锥齿轮零件几何体的前表面和阶梯轴零件几何体的凸圆表面，在【标准配合】选项组中选择 ⼈【重合】配合，如图 11-41 所示，单击 ✓【确定】按钮。

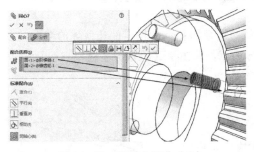

图 11-40　同轴心配合（2）

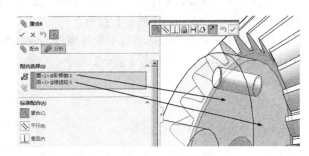

图 11-41　重合配合

11.2.9 从 Toolbox 中生成螺钉并装配

（1）在 SolidWorks【任务】界面中单击【设计库】按钮，并在【设计库】中选择【Toolbox】选项，在【Toolbox】选项中选择【GB】|【screws】|【凹头螺钉】|【内六角圆柱头螺钉】选项，用鼠标右键单击【内六角圆柱头螺钉】按钮，在菜单中选择【生成零件】选项。在弹出的【配置零部

件】属性管理器中，按图 11-42 所示的参数进行设置，然后单击 ✓【确定】按钮。

（2）在菜单【窗口】中，单击所生成的 Toolbox 零件可以进入其界面。选择【文件】|【另存为】菜单命令，弹出【另存为】对话框，在【文件名】文本框中输入【螺钉】，单击【保存】按钮，保存零件后关闭该零件。

（3）单击【装配体】工具栏中的 ☞【插入零部件】按钮，在弹出的【打开】对话框中选择要插入的螺钉零件，单击【打开】按钮。

（4）在 SolidWorks【装配体】界面的合适位置单击放置零件几何体，如图 11-43 所示。

图 11-42　设置属性管理器

图 11-43　插入零件几何体

（5）单击【装配体】工具栏中的 ◈【配合】按钮，在【配合选择】选项组中选择螺钉零件几何体的圆柱面和锥齿轮零件几何体的通孔圆柱面，在【标准配合】选项组中选择 ◎【同轴心】配合，如图 11-44 所示，单击 ✓【确定】按钮。

（6）在【配合选择】选项组中选择螺钉零件几何体的贴合面和锥齿轮零件几何体的端面，在【标准配合】选项组中选择 ⊼【重合】配合，如图 11-45 所示，单击 ✓【确定】按钮。

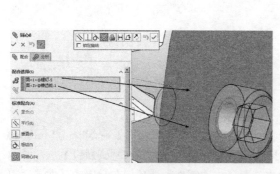

图 11-44　同轴心配合

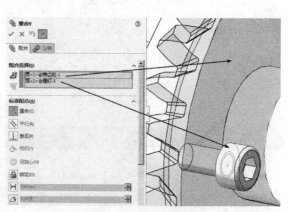

图 11-45　重合配合

11.2.10 使用圆周零部件阵列功能阵列螺钉

单击【装配体】工具栏中 ⿲【线性零部件阵列】下拉箭头中的 ⊕【圆周零部件阵列】按钮，在【方向 1】选项组中的【阵列轴】选项中选择圆柱面，其余按图 11-46 所示的参数进行设置，然后单击 ✅【确定】按钮。

至此，阶梯轴装配模型已经完成，效果如图 11-47 所示。

图 11-46　圆周阵列零部件　　　　　　　　　　　　图 11-47　阶梯轴装配模型

第 12 章
线路设计

　　本章的主要内容包括线路设计模块概述、线路点与连接点的使用方法，以及管筒与管道设计的实例。

重点与难点

- 线路设计模块概述
- 线路点和连接点

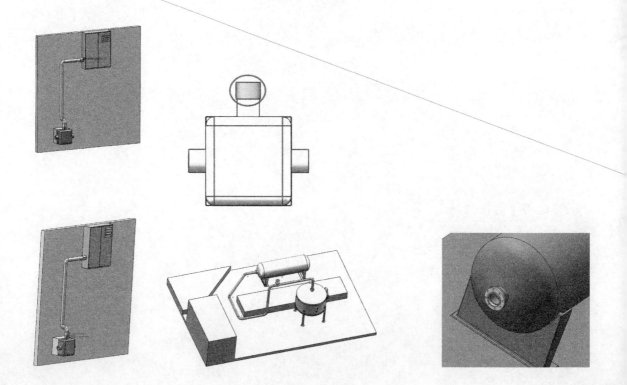

12.1 线路设计模块概述

线路设计模块（SolidWorks Routing）用来生成一种特殊类型的子装配体，以在零部件之间创建管筒、管道，或者其他材料的路径，帮助设计人员轻松快速地完成线路系统的设计任务。

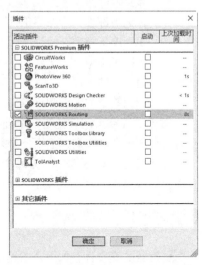

12.1.1 激活线路设计模块插件

激活线路设计模块插件的步骤如下。

（1）选择【工具】|【插件】菜单命令。

（2）勾选【SOLIDWORKS Routing】复选框，如图 12-1
所示。

（3）单击【确定】按钮。

12.1.2 步路模板

图 12-1 激活 SolidWorks Routing 插件

在用户插入线路设计模块后，第一次创建装配体文档时，将生成步路模板。步路模板使用与标准装配体模板相同的设置，但也包含与步路相关的特殊模型数据。

自动生成的模板名为 routeAssembly.asmdot，位于默认模板文件夹中（通常是 C:\Documentsand Settings\AllUsers\ApplicationData\SolidWorks\SolidWorks< 版本 >\templates）。

生成自定义步路模板的步骤如下。

（1）打开自动生成的步路模板。

（2）进行用户的更改。

（3）选择【文件】|【另存为】菜单命令，然后以新名称保存文档。注意，必须使用 .asmdot 作为文件扩展名。

12.1.3 配合参考

使用配合参考来放置零件比使用智能装配（SmartMates）更可靠，并更具有预见性。

对于配合参考有如下几条建议。

（1）为一个设备上具有相同属性的配件所应用的配合参考应该使用同样的名称。

（2）要确保线路设计零件的正确配合，以相同的方式定义配合参考属性。

（3）为放置配合参考使用以下规则。

- 给线路配件添加配合参考。
- 给设备零件上的端口添加配合参考，每个端口都添加一个配合参考。
- 如果一台仪器有数个端口，要么给所有端口添加配合参考，要么都不添加。
- 给用于线路起点和终点的零部件添加配合参考。
- 给电气接头和其匹配的插孔零部件添加匹配的配合参考。

12.1.4 使用连接点

所有步路零部件（除线夹／挂架之外）都要求有一个或多个连接点（CPoints），连接点的功能如下。

● 标记零部件为步路零部件。
● 识别连接类型。
● 识别子类型。
● 定义其他属性。
● 标记管道的起点和终点。

对于电气接头，只使用一个连接点，并将其定位在电线或电缆退出接头的地方。用户可为每个管脚添加一个连接点，但用户必须使用连接点图解指示 ID 来定义管脚号。

对于管道设计零部件，为每个端口都添加一个连接点。例如，法兰有一个连接点，而 T 型则有 3 个连接点。

12.1.5 维护库文件

针对维护库文件有如下几条建议。

（1）将文件保存在线路设计库文件夹中，不要将其保存在其他文件夹中。

（2）要避免带有相同名称的多个文件所引起的错误，将用户所复制的任何文件都要重新命名。

（3）除零部件模型外，电气设计还需要以下两个库文件。

● 零部件库文件。
● 电缆库文件。

（4）将所有电气接头存储在包含零部件库文件的同一文件夹中。默认位置为 C:\Documentsand Settings\AllUsers\ApplicationData\SolidWorks\SolidWorks\ 版本 \designlibrary\routing\electrical\component.xml，在 Windows 7 系统中，位置为 C:\ProgramData\SolidWorks\ 版本 \designlibrary\routing\electrical。库零件的名称由库文件夹和步路文件夹的位置所决定。

12.2 线路点和连接点

在线路的接头零件中要包含关键的定位点，这就是线路点和连接点。

12.2.1 线路点

线路点（RoutePoint）为配件（法兰、弯管、电气接头等）中用于将配件定位在线路草图中的交叉点。在具有多个端口的接头（如 T 型或十字型）中，用户在添加线路点之前必须在接头的轴线交叉点处生成一个草图点。

生成线路点的步骤如下。

（1）打开【配套数字资源 \ 第 12 章 \ 基本功能 \12.2.1】的实例素材文件，单击【步路工具】工具栏中的 ➥【创建线路点】按钮，或者选择【Routing】|【Routing 工具】|【生成线路点】菜单命令。

（2）在属性管理器中的【选择】选项组中，通过选取草图或顶点来定义线路点的位置，如图 12-2 所示。

● 对于硬管道和管筒配件，在图形区域中选择一个草图点。

- 对于软管配件或电力电缆接头，在图形区域中选择一个草图点和一个平面。
- 在具有多个端口的配件中，选取轴线交叉点处的草图点。
- 在法兰中，选取与零件的圆柱面同轴心的点。

（3）单击 ✓【确定】按钮。

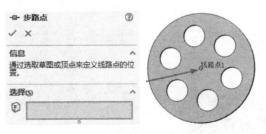

图 12-2　生成线路点

12.2.2　连接点

连接点是接头（法兰、弯管、电气接头等）中的一个点，步路段（管道、管筒，或者电缆）由此开始或终止。管路段只有在至少有一端附加在连接点上时才能生成。每个接头零件的每个端口都必须包含一个连接点，定位于相邻管道、管筒，或者电缆开始或终止的位置。

生成连接点的步骤如下。

（1）打开【配套数字资源\第 12 章\基本功能\12.2.2】的实例素材文件，生成一个草图点用于定位连接点，如图 12-3 所示。在连接点的位置定义相邻管路段的端点。

（2）单击【步路工具】工具栏中的 【生成连接点】按钮，或者选择【Routing】|【Routing 工具】|【生成连接点】菜单命令。

（3）在属性管理器中编辑属性。

（4）单击 ✓【确定】按钮。

图 12-3　生成连接点

12.3　管筒线路设计范例

本范例介绍电力管筒线路的设计过程，模型如图 12-4 所示。

12.3.1　创建电力管筒线路

（1）启动中文版 SolidWorks 软件，单击【快速访问】工具栏中的 【打开】按钮，在弹出的【打开】对话框中选择【配套数字资源\第 12 章\范例文件\12.3\12.3.SLDASM】文件，单击【打开】按钮，打开的装配体文件如图 12-5 所示。

（2）选择线路零部件。单击【任务】界面中的第二个标签，依次打

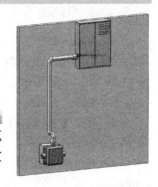

图 12-4　电力管筒线路

开【设计库】标签中的【Design Library\routing\conduit】文件夹。在设计库的下方显示【conduit】文件夹中的各种管道标准零部件，选择【pvc conduit-male terminal adapter】接头为拖曳对象，如图 12-6 所示。

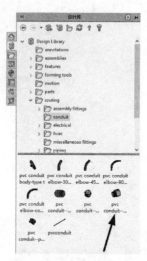

图 12-5　打开装配体文件　　　　　　　　　图 12-6　选择线路零部件

（3）长按鼠标左键拖曳【pvc conduit-male terminal adapter】接头到装配体中总控制箱的接头处（由于设计库中的标准件自带有配合参考，因此电力管筒接头会自动捕捉配合），然后松开鼠标左键，效果如图 12-7 所示。在弹出的【选择配置】对话框中，选择【0.5inAdapter】配置，如图 12-8 所示，单击【确定】按钮。

（4）在弹出的图 12-9 所示的属性管理器中，单击 ✖【取消】按钮，关闭该属性管理器。

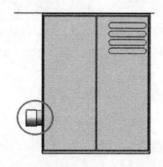

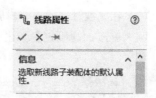

图 12-7　添加第一个电力接头　　　　图 12-8　【选择配置】对话框　　　　图 12-9　关闭属性管理器

（5）单击选择上述相同的零部件【pvc conduit-male terminal adapter】接头，长按鼠标左键将其拖曳到装配体中与总控制箱共面的电源盒上端的接头处，自动捕捉到配合后松开鼠标左键，效果如图 12-10 所示。在弹出的【选择配置】对话框中，选择【0.5inAdapter】配置，单击【确定】按钮，弹出【线路属性】属性管理器，单击 ✖【取消】按钮，关闭该属性管理器。

（6）选择【视图】|【步路点】菜单命令，显示装配体中刚刚插入的两个电力接头上所有的步路点，如图 12-11 所示。

（7）在总控制箱的【pvc conduit-male terminal adapter】接头上，用鼠标右键单击连接点【CPoint1-conduit】，从快捷菜单中选择【开始步路】命令，如图 12-12 所示。

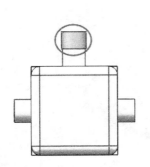

图 12-10　添加第二个电力接头　　　　图 12-11　显示的步路点

（8）弹出属性管理器，按图 12-13 所示的参数进行设置。

图 12-12　选择【开始步路】　　　　　图 12-13　设置属性管理器

（9）设置完成后，弹出【SolidWorks】提示，单击【确定】按钮。此时，从连接点延伸出一小段端头，如图 12-14 所示，可以通过拖曳端头端点伸长或缩短端头长度。单击鼠标右键，选择【自动步路】快捷菜单，弹出【自动步路】属性管理器，单击 ✖【取消】按钮，关闭该属性管理器。

（10）用鼠标右键单击电源盒上端接头的连接点【CPoint1-conduit】，从快捷菜单中选择【添加到线路】命令，如图 12-15 所示。此时，从连接点处延伸出一小段端头，如图 12-16 所示，拖曳端头的端点就可以改变端头的长度。

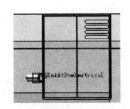

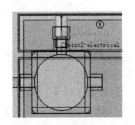

图 12-14　连接点延伸出的端头　　图 12-15　选择【添加到线路】　　图 12-16　添加连接点到线路

（11）按住 Ctrl 键选中前面生成的两个端头的端点，如图 12-17 所示，单击鼠标右键弹出快捷菜单，选择【自动步路】命令，如图 12-18 所示。

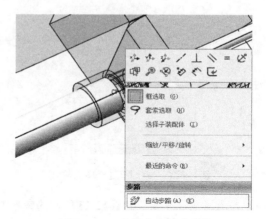

图 12-17　选择步路端点　　　　　　　　图 12-18　选择【自动步路】

（12）此时弹出【自动步路】属性管理器，在【步路模式】选项组中选择【自动步路】单选项，在【自动步路】选项组中勾选【正交线路】复选框。参数设置如图 12-19 所示。

（13）单击【自动步路】属性管理器中的 ✔【确定】按钮，再单击 🔁【退出路径草图】按钮和 🖼【退出线路子装配体环境】按钮，生成电力管筒线路，效果如图 12-20 所示。

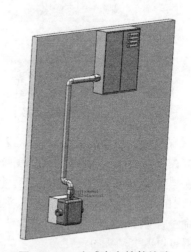

图 12-19　连接好的线路　　　　　　　　图 12-20　生成电力管筒线路

12.3.2　保存装配体

选择【文件】|【Pack and Go】菜单命令，弹出图 12-21 所示的对话框，勾选所有相关的零件、子装配体和装配体文件的复选框，选择【保存到文件夹】选项，将以上文件保存到一个指定文件夹中，单击【保存】按钮。至此，电力管筒线路设计完成。

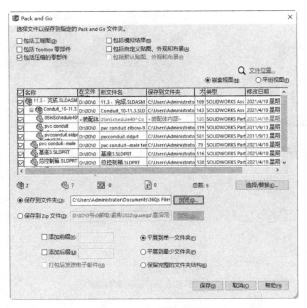

图 12-21　保存装配体

12.4　管道线路设计范例

本范例介绍管道线路的设计过程，模型如图 12-22 所示。

12.4.1　创建管道线路

（1）启动中文版 SolidWorks 软件，单击【标准】工具栏中的 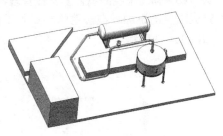 【打开】按钮，弹出【打开】对话框，选择【配套数字资源 \ 第 12 章 \ 范例文件 \12.4\12.4.SLDASM】文件，单击【打开】按钮，在图形区域中显示出模型，如图 12-23 所示。

图 12-22　管道线路

（2）选择管道配件。依次打开【设计库】标签中的【routing\piping\flanges】文件夹，选择【slip on weld flange】法兰为拖曳对象，长按鼠标左键将其拖曳到装配体横放水箱前方的出口（由于设计库中的标准件自带有配合参考，因此配件会自动捕捉配合），然后松开鼠标左键，效果如图 12-24 所示。在弹出的【选择配置】对话框中，选择【Slip On Flange 150-NPS5】配置，如图 12-25 所示，单击【确定】按钮。在弹出的【线路属性】属性管理器中，单击 ✖ 【取消】按钮，关闭属性管理器。

（3）依次打开【设计库】中的【routing\piping\flanges】文件夹，选择【welding neck flange】法兰为拖曳对象，长按鼠标左键将其拖曳到装配体立放水箱上方的出口（由于设计库中的标准件自带有配合参考，因此配件会自动捕捉配合），然后松开鼠标左键，效果如图 12-26 所示。在弹出的【选择配置】对话框中，选择【WNeck Flange 150-NPS5】配置，如图 12-27 所示，单击【确定】按钮。在弹出的【线路属性】属性管理器中，单击 ✖ 【取消】按钮，关闭属性管理器。

（4）选择【视图】|【步路点】菜单命令，显示装配体中配件上的所有连接点。然后用鼠标右键单击横放水箱上的法兰，在弹出的快捷菜单中选择【开始步路】命令，如图 12-28 所示。

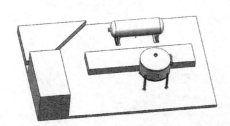

图 12-23　打开装配体文件

图 12-24　添加 1 号水箱法兰

图 12-25　选择法兰配置（1）

图 12-26　添加 2 号水箱法兰

图 12-27　选择法兰配置（2）

图 12-28　选择【开始步路】

（5）弹出【线路属性】属性管理器，按图 12-29 所示的参数进行设置，单击 ✓【确定】按钮，完成法兰的添加。在法兰的端点处长按鼠标左键向外拖曳，可以将端头长度延长到合适的位置，如图 12-30 所示。

图 12-29　设置属性管理器

图 12-30　拖曳端点

（6）用鼠标右键单击立放水箱罐体上端接头的连接点，从快捷菜单中选择【添加到线路】命令，如图 12-31 所示。此时，从连接点处自动延伸出一小段端头，如图 12-32 所示，拖曳端头的端点就可以改变端头的长度。

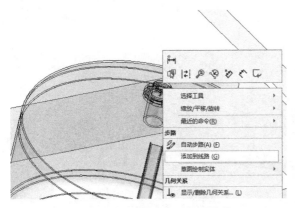

图 12-31 选择【添加到线路】

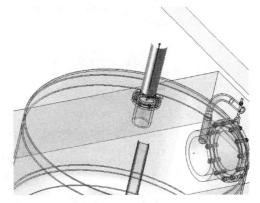

图 12-32 自动延伸出端头

（7）此时已经进入步路 3D 草图的绘制界面中。单击【草图】工具栏中的 ⁄【直线】按钮，使用 Tab 键切换草图绘制平面来绘制 3D 直线。绘制完成的直线会自动添加到管道中，并在直角处自动生成弯管，如图 12-33 所示。

（8）选择图 12-34 中箭头所指的最后一条直线，在左侧的属性管理器中单击【沿 x】按钮，使直线处于水平状态。

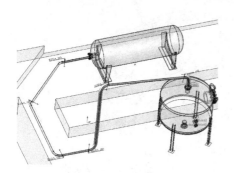

图 12-33 草图绘制

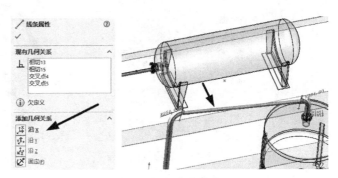

图 12-34 添加水平约束

12.4.2 添加阀门

（1）用鼠标右键单击刚刚生成的线路草图，在弹出的快捷菜单中选择【分割线路】命令。单击水平直线中间的点，即生成了一个分割点【JP1】，此点将线路分割为两段，如图 12-35 所示。

（2）依次打开【设计库】中的【routing\piping\valves】文件夹，选择【gate valve (asmeb16.34) bw-150-2500】阀门为拖曳对象，长按鼠标左键将其拖曳到装配体的分割点【JP1】处（由于设计库中的标准件自带有配合参考，因此配件会自动捕捉配合），通过 Tab 键调整放置方向，然后松开鼠标左键。在弹出的【选择配置】对话框中，采用系统默认选择的配置，如图 12-36 所示，单击 ✔【确定】按钮。完成阀门的添加，效果如图 12-37 所示。

（3）单击 ⬎【退出线路子装配体环境】按钮，完成管道的设计。

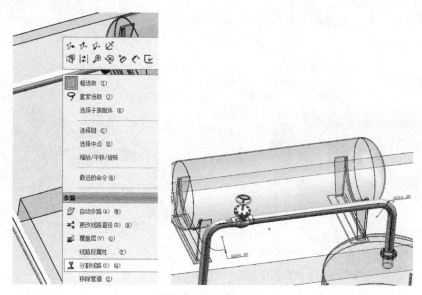

图 12-35 分割线路

图 12-36 选择阀门配置

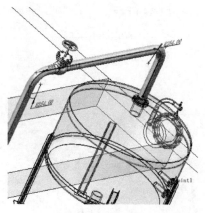

图 12-37 添加阀门

第 13 章
配置和设计表的相关操作

配置是 SolidWorks 软件的一大特色，它提供简便的方法以开发与管理一组有着不同尺寸的零部件或者其他参数的模型，并可以在单一的文件中使零件或装配体发生多种设计变化。在 SolidWorks 中，可以使用系列零件设计表同时生成多个配置。

重点与难点

- 配置项目
- 设置配置的方法
- 零件设计表

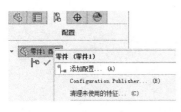

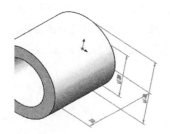

13.1 配置项目

本节介绍零件和装配体的配置项目。

13.1.1 零件的配置项目

零件的配置项目主要包括以下几项。

- 修改特征尺寸和公差。
- 压缩特征、方程式和终止条件。
- 指定质量和引力中心。
- 使用不同的草图基准面、草图几何关系和外部草图几何关系。
- 设置单独的面颜色。
- 控制基体零件的配置。
- 控制分割零件的配置。
- 控制草图尺寸的驱动状态。
- 生成派生配置。
- 定义配置属性。

对于零件，可以在设计表中设置特征的尺寸、压缩状态和主要配置属性，包括材料明细表中的零件编号、派生配置、方程式、草图几何关系、备注，以及自定义属性。

13.1.2 装配体的配置项目

装配体配置的项目主要包括以下几项。

- 改变零部件的压缩状态（如压缩、还原等）。
- 改变零部件的参考配置。
- 更改显示状态。
- 改变距离或角度配合的尺寸，或者压缩不需要的配合。
- 修改属于装配体特征的尺寸、公差或者其他参数。
- 指定质量和引力中心。
- 压缩属于装配体的特征。
- 定义配置特定的属性。
- 生成派生配置。
- 更改【特征管理器设计树】中【模拟】文件夹的压缩状态，以及特征管理器设计树的模拟成分（压缩文件夹，也压缩其成分）。

使用设计表可以生成配置，通过在嵌入的 Microsoft Excel 工作表中指定参数，可以使用材料明细表构建多个不同配置的零件或者装配体。设计表保存在模型文件中，并且不会链接到原来的 Excel 文件，在模型中所进行的更改也不会影响原来的 Excel 文件。如果需要，也可以将模型文件链接到 Excel 文件。

对于装配体，可以在装配体设计表中控制以下参数。

（1）零部件中的压缩状态、参考配置。

（2）装配体特征中的尺寸、压缩状态。

（3）配合中距离和角度的尺寸、压缩状态。

（4）配置属性，如零件编号及其在材料明细表中的显示。

13.2 设置配置

本节介绍手动生成配置的方法，并对激活配置和编辑配置进行介绍。

13.2.1 手动生成配置

如果要手动生成配置，需要先指定其属性，然后修改模型以在新配置中生成不同的设计变化。

（1）在零件或者装配体文件中，单击 🔢【配置管理器】按钮，切换到【配置】管理器。

（2）在【配置】管理器中，用鼠标右键单击零件或者装配体的按钮，在弹出的菜单中选择【添加配置】命令，如图 13-1 所示，弹出图 13-2 所示的属性管理器，输入【配置名称】，并指定新配置的相关属性后单击 ✔【确定】按钮。

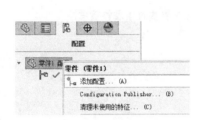

图 13-1 快捷菜单（1）

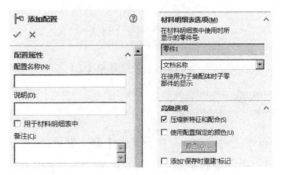

图 13-2 【添加配置】属性管理器

按照需要修改已生成设计变体的模型，然后将其保存。

13.2.2 激活配置

（1）单击 🔢【配置管理器】按钮，切换到【配置】管理器。

（2）在所要显示的配置按钮上单击鼠标右键，在弹出的菜单中选择【显示配置】命令，如图 13-3 所示，或者双击该配置的图标。

此时，此配置成为激活的配置，模型视图会立即更新，以反映新选择的配置。

13.2.3 编辑配置

编辑配置主要包括编辑配置本身和编辑配置属性。

1. 编辑配置本身

激活所需的配置，切换到特征管理器设计树。

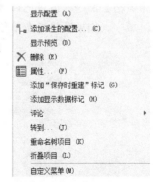

图 13-3 快捷菜单（2）

（1）在零件文件中，根据需要改变特征的压缩状态或者修改尺寸等。

（2）在装配体文件中，根据需要改变零部件的压缩状态或者显示状态等。

2. 编辑配置属性

切换到【配置】管理器中，用鼠标右键单击配置名称，在弹出的菜单中选择【属性】命令，如图 13-4 所示，弹出图 13-5 所示的属性管理器。根据需要设置【配置名称】【说明】【备注】等属性，单击【自定义属性】按钮，添加或者修改配置的自定义属性，设置完成后，单击 ✔【确定】按钮。

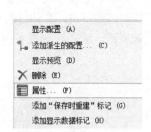

图 13-4　快捷菜单（1）　　　　　　图 13-5　【配置属性】属性管理器

13.2.4　删除配置

可以使用手动或者在设计表中删除配置。

1. 手动删除配置

（1）在【配置】管理器中激活一个想保留的配置（想要删除的配置必须是处于非激活状态）。

（2）在想要删除的配置按钮上单击鼠标右键，在弹出的菜单中选择【删除】命令，弹出【确认删除】对话框，确认删除配置的操作，如图 13-6 所示，单击【是】按钮，所选配置即可被删除。

2. 在设计表中删除配置

（1）在【配置】管理器中激活一个想保留的配置（想要删除的配置必须是处于非激活状态）。

（2）在【特征管理器设计树】中，用鼠标右键单击【设计表】按钮，在弹出的菜单中选择【编辑表格】命令（或者选择【在单独窗口中编辑表格】命令），如图 13-7 所示，工作表会出现在图形区域中（如果选择【在单独窗口中编辑表格】命令，工作表则会出现在单独的 Excel 软件界面中）。

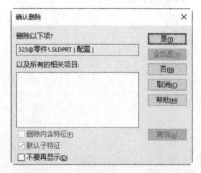

图 13-6　【确认删除】对话框　　　　　图 13-7　快捷菜单（2）

（3）在要删除的配置名称旁的编号单元格上单击（这样可以选择整行），选择【编辑】|【删除】菜单命令，也可以用鼠标右键单击编号单元格，在弹出的菜单中选择【删除】命令。

13.3 零件设计表

本节介绍零件设计表的插入、编辑等使用方法。

13.3.1 插入设计表

通过在嵌入的 Microsoft Excel 工作表中指定参数，可以使用材料明细表构建多个不同配置的零件或者装配体。

其注意事项如下。

（1）在 SolidWorks 软件中使用设计表时，将表格正确格式化很重要。

（2）如果需要使用设计表，在电脑中必须安装有 Microsoft Excel 软件。

插入【设计表】有多种不同的方法。

1. 通过 SolidWorks 软件自动插入设计表

（1）在零件或者装配体文件中，单击【工具】工具栏中的 【设计表】按钮，或者选择【插入】|【表格】|【设计表】菜单命令，弹出图 13-8 所示的属性管理器。

（2）在【源】选项组中，选择【自动生成】单选项，根据需要设置【编辑控制】和【选项】选项组参数，单击 【确定】按钮，一个嵌入的工作表即会出现在图形区域中，并且 Excel 工具栏会替换 SolidWorks 工具栏，单元格 A1 标识工作表为【设计表是为：<模型名称>】。

（3）在图形区域中表格以外的任何地方单击以关闭设计表。

2. 插入空白设计表

（1）在零件或者装配体文件中，单击【工具】工具栏中的 【设计表】按钮，或者选择【插入】|【表格】|【设计表】菜单命令，弹出属性管理器。

（2）在【源】选项组中，选择【空白】单选项，根据需要设置【编辑控制】和【选项】选项组参数，单击 【确定】按钮。根据所选择的设置弹出对话框，询问希望添加的配置或者参数，如图 13-9 所示。

（3）单击【确定】按钮，一个嵌入的工作表即会出现在图形区域中。在【特征管理器设计树】中显示出 【设计表】按钮，并且 Excel 工具栏会替换 SolidWorks 工具栏，A1 单元格显示工作表的名称为【设计表是为：<模型名称>】，A3 单元格显示第一个新配置的默认名称。

（4）在第二行可以输入想控制的参数，保留单元格 A2 为空白。在列 A（如单元格 A3、A4 等）中输入想生成的配置名称，名称可以包含数字，但不能包含正斜线"/"或"@"字符。在工作表单元格中输入参数值。

（5）完成向工作表中添加信息后，在图形区域中表格以外的任何地方单击以关闭设计表。

3. 插入外部 Microsoft Excel 文件为设计表

（1）在零件或者装配体文件中，单击【工具】工具栏中的 【设计表】按钮，或者选择【插入】|【表格】|【设计表】菜单命令，弹出属性管理器。

（2）在【源】选项组中，选择【来自文件】单选项，再单击【浏览】按钮选择 Excel 文件。如果需要将设计表链接到模型，勾选【链接到文件】复选框，链接的设计表可以从外部 Excel 文件中读取其所有信息。

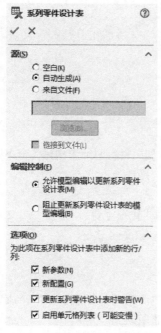

图 13-8 【系列零件设计表】属性管理器

图 13-9 【添加行和列】对话框

（3）根据需要设置【编辑控制】和【选项】选项组参数，单击 ✓【确定】按钮，一个嵌入的工作表即会出现在图形区域中，并且 Excel 工具栏会替换 SolidWorks 工具栏。

（4）在图形区域中表格以外的任何地方单击以关闭设计表。

13.3.2 编辑设计表

（1）在【特征管理器设计树】中，用鼠标右键单击【设计表】按钮，在弹出的菜单中选择【编辑表格】（或者【在单独窗口中编辑表格】）命令，表格即会出现在图形区域中。

（2）根据需要编辑表格。可以改变单元格中的参数值，添加行以容纳增加的配置，或者添加列以控制所增加的参数等，也可以编辑单元格的格式，使用 Excel 功能修改字体、边框等。

（3）在图形区域中表格以外的任何地方单击以关闭设计表。如果弹出设计表生成新配置的确认信息，单击【确定】按钮，此时配置被更新以反映更改。

13.3.3 保存设计表

可以直接在 SolidWorks 软件中保存设计表。

（1）在包含设计表的文件中，单击【特征管理器设计树】中的【设计表】按钮，再选择【文件】|【另存为】菜单命令，打开【保存设计表】对话框。

（2）在对话框中输入文件名称，单击【保存】按钮，设计表保存为【Excel 文件 (*.XLS)】。

13.4 套筒系列零件范例

本节以套筒为例，来说明如何利用系列零件设计表生成配置，采用的方法是插入外部 Excel 文件为系列零件设计表。

13.4.1 创建表格

（1）启动中文版 SolidWorks 软件，单击【标准】工具栏中的【打开】按钮，弹出【打开】对话框，选择【配套数字资源 \ 第 13 章 \ 范例文件 \ 套筒 .SLDPRT】，单击【打开】按钮，在图形区域中显示出模型，如图 13-10 所示。

（2）运行 Microsoft Excel 软件，新建一个 Microsoft Excel 文件，并命名为【系列零件设计表】。

（3）在表格的第一列（单元格 A2、A3 等）中输入想要生成的配置名称，保留单元格 A1 为空白，如图 13-11 所示。注意，名称可以包含数字，但不能包含正斜线“/”或“@”字符。

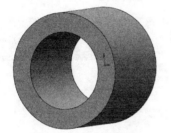

图 13-10　打开套筒模型

	A	B	C	D
1	系列零件设计表是为:　零件1			
2	A20			
3	A30			
4	A40			
5				
6				
7				
8				
9				
10				

Sheet1

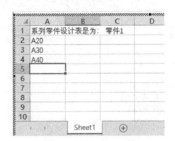

图 13-11　输入名称

（4）在 SolidWorks 中，双击零件模型便可显示模型的具体尺寸，如图 13-12 所示。将光标移动到一个尺寸时就会显示该尺寸的参数名称，例如，当光标靠近尺寸【8】时，显示它的参数名称为【D1@ 草图 1】。用同样的方法获取其他两个尺寸的参数名称，最终得到控制该零件模型的尺寸参数为【D1@ 草图 1】【D2@ 草图 1】和【D1@ 凸台 - 拉伸 1】。

（5）在第一行（单元格 B1、C1、D1 等）中输入想要控制的参数，即【D1@ 草图 1】【D2@ 草图 1】和【D1@ 凸台 - 拉伸 1】，如图 13-13 所示。

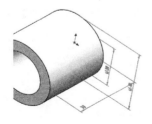

图 13-12　获取参数名称

A	B	C	D
系列零件设计表是为：　套筒	D1@草图1	D2@草图1	D1@凸台-拉伸1

图 13-13　输入参数名称

（6）在 Excel 表格中的 B2、C2、D2 中输入【A20】配置的具体参数值，如图 13-14 所示。

（7）采用同样的方法输入【A30】和【A40】配置的具体参数值，如图 13-15 所示。

	A	B	C	D
系列零件设计表 是为：套筒		D1@草图1	D2@草图1	D1@凸台-拉伸1
A20		20	50	30

图 13-14　输入参数值（1）

	A	B	C	D
系列零件设计表 是为：套筒		D1@草图1	D2@草图1	D1@凸台-拉伸1
A20		20	50	30
A30		30	80	60
A40		40	100	120

图 13-15　输入参数值（2）

（8）选择【文件】|【保存】菜单命令，将【系列零件设计表】表格保存。

13.4.2　插入设计表

（1）在 SolidWorks 软件中，选择【插入】|【表格】|【设计表】菜单命令，弹出图 13-16 所示的属性管理器。

（2）在【源】选项组中，选择【来自文件】单选项，然后单击【浏览】按钮，弹出图 13-17 所示的【打开】对话框，在目录中找到之前创建的【系列零件设计表】。

图 13-16　【系列零件设计表】属性管理器

图 13-17　【打开】对话框

（3）单击【打开】按钮后，Excel 文件的路径就出现在了【浏览】按钮的上面。勾选【链接到文件】复选框，将此表格链接到模型。链接的系列零件设计表可从外部 Excel 文件中读取其所有信息。当系列零件设计表被链接时，在 SolidWorks 以外对表格所做的任何更改都将反映在 SolidWorks 模型内部的表格中，反之亦然。

（4）在【编辑控制】选项组中，选中【允许模型编辑以更新系列零件设计表】单选项，如图 13-18 所示。

（5）在【选项】选项组中，勾选【新参数】【新配置】【更新系列零件设计表时警告】和【启用单元格列表（可能变慢）】复选框，如图 13-19 所示。

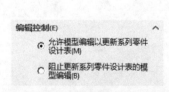

图 13-18　【编辑控制】选项组

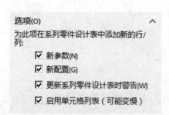

图 13-19　【选项】选项组

（6）单击 ✔【确定】按钮，工作表即会出现在图形区域中，而且 Excel 菜单和工具栏会替换 SolidWorks 的菜单和工具栏，如图 13-20 所示。

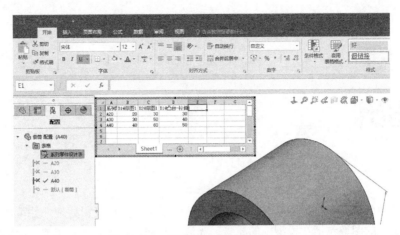

图 13-20　工作表出现在图形区域中

（7）单击工作表以外的地方即可关闭该表格。然后弹出一个信息提示框，显示由系列零件设计表所生成的新的配置名称。

（8）单击 ✔【确定】按钮后，在【配置】管理器中出现了新添加的 3 个配置，如图 13-21 所示。

（9）在【配置】管理器中双击任何一个配置，图形区域中的模型都会显示相应的配置。例如，双击配置【A20】，图形区域中便显示配置【A20】的尺寸值，如图 13-22 所示。

图 13-21　新的配置

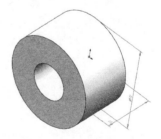

图 13-22　A20 套筒

（10）【A30】和【A40】的配置显示分别如图 13-23 和图 13-24 所示。

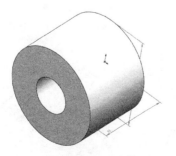

图 13-23　A30 套筒

图 13-24　A40 套筒

Chapter 14

第 14 章

渲染输出

SolidWorks 中的插件 PhotoView 360 可以对三维模型进行光线投影处理，并可形成十分逼真的渲染效果图。渲染的图像包括在模型中的布景、光源、外观及贴图。本章主要介绍编辑布景、设置光源、添加外观、添加贴图，以及输出图像。

重点与难点

- 布景与光源

- 外观与贴图

- 输出图像

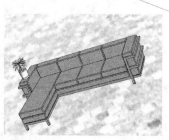

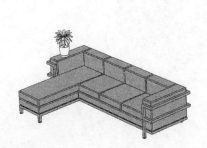

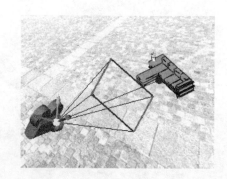

14.1 布景

布景由环绕 SolidWorks 模型的虚拟框或者球形组成，可以调整布景壁的大小和位置。此外，可以为每个布景壁切换显示状态和反射度，并将背景添加到布景。

选择【PhotoView 360】|【编辑布景】菜单命令，弹出图 14-1 所示的属性管理器。常用选项的介绍如下。

图 14-1 【编辑布景】属性管理器

（1）【背景】选项组。

随布景使用背景图像，这样可以在模型背后看见背景图像。

- 无：将背景设定到白色。
- 颜色：将背景设定到单一颜色。
- 梯度：将背景设定到由顶部渐变颜色和底部渐变颜色所定义的颜色范围。
- 图像：将背景设定到选择的图像。
- 使用环境：移除背景，从而使环境可见。
- 背景颜色：设定具体的背景颜色。
- 【保留背景】：在背景类型是彩色、渐变或图像时可供使用。

（2）【楼板】选项组。

- 【楼板反射度】：在楼板上显示模型反射。
- 【楼板阴影】：在楼板上显示模型所投射的阴影。

14.2 光源

SolidWorks 提供 3 种光源类型，即线光源、点光源和聚光源。

14.2.1 线光源

在【特征管理器设计树】中，单击 ⚙ 【DisplayManager】按钮，再单击 ▦ 【查看布景、光源和相机】按钮，用鼠标右键单击【SOLIDWORKS 光源】按钮，选择【添加线光源】命令，如图 14-2 所示，弹出图 14-3 所示的属性管理器。常用选项的介绍如下。

图 14-2 选择【添加线光源】 图 14-3 【线光源】属性管理器

- 【锁定到模型】：勾选此复选框，与模型相对的光源位置被保留。
- ⊕【经度】：光源的经度坐标。
- ●【纬度】：光源的纬度坐标。

14.2.2 点光源

在【特征管理器设计树】中，单击 ⊕【DisplayManager】按钮，再单击 ▥【查看布景、光源和相机】按钮，用鼠标右键单击【SOLIDWORKS 光源】按钮，选择【点光源 1】命令，弹出图 14-4 所示的属性管理器。常用选项的介绍如下。

（1）【光源位置】选项组。

- 【球坐标】：使用球形坐标系指定光源的位置。
- 【笛卡尔式】：使用笛卡尔式坐标系指定光源的位置。
- 【锁定到模型】：勾选此复选框，与模型相对的光源位置被保留。

（2）↗【目标 X 坐标】：点光源的 X 轴坐标。

（3）↗【目标 Y 坐标】：点光源的 Y 轴坐标。

（4）↗【目标 Z 坐标】：点光源的 Z 轴坐标。

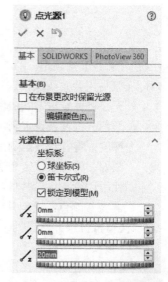

图 14-4 【点光源 1】属性管理器

14.2.3 聚光源

在【特征管理器设计树】中，单击 ⊕【DisplayManager】按钮，再单击 ▥【查看布景、光源和相机】按钮，用鼠标右键单击【SOLIDWORKS 光源】按钮，选择【聚光源 1】命令，弹出图 14-5 所示的属性管理器。常用选项的介绍如下。

- 【球坐标】：使用球形坐标系指定光源的位置。
- 【笛卡尔式】：使用笛卡尔式坐标系指定光源的位置。
- ↗【光源 X 坐标】：聚光源在空间中的 X 轴坐标。

图 14-5 【聚光源 1】属性管理器

- 【光源 Y 坐标】：聚光源在空间中的 Y 轴坐标。
- 【光源 Z 坐标】：聚光源在空间中的 Z 轴坐标。
- 【目标 X 坐标】：聚光源投射到模型上的点的 X 轴坐标。
- 【目标 Y 坐标】：聚光源投射到模型上的点的 Y 轴坐标。
- 【目标 Z 坐标】：聚光源投射到模型上的点的 Z 轴坐标。
- 【圆锥角】：指定光束传播的角度，较小的角度生成较窄的光束。

14.3 外观

外观是模型表面的材料属性，添加外观是使模型表面具有某种材料的表面属性。

单击【PhotoView】工具栏中的 【外观】按钮，或者选择【PhotoView】|【外观】菜单命令，弹出图 14-6 所示的属性管理器。常用选项的介绍如下。

- 【应用到零件文档层】：将颜色应用到零件文件上。
- 、 、 、 【过滤器】：可以帮助选择模型中的几何实体。
- 【移除外观】：单击该按钮，可以从选择的对象上移除设置好的外观。

图 14-6 【颜色】属性管理器

14.4 贴图

贴图是在模型的表面附加某种平面图形，一般多用于商标和标志的制作。

选择【PhotoView360】|【编辑贴图】菜单命令，弹出图 14-7 所示的属性管理器。常用选项的介绍如下。

图 14-7 【贴图】属性管理器

- 【贴图预览】：显示贴图预览。
- 【浏览】：单击此按钮，选择浏览图形文件。

14.5 输出图像

PhotoView 能以逼真的布景、光源、外观等渲染 SolidWorks 模型，并提供直观显示渲染图像的多种方法。

14.5.1 PhotoView 整合预览

在 SolidWorks 图形区域中可以预览当前模型的渲染。如果要预览，插入 PhotoView 插件后，选择【PhotoView 360】|【整合预览】命令，显示的界面如图 14-8 所示。

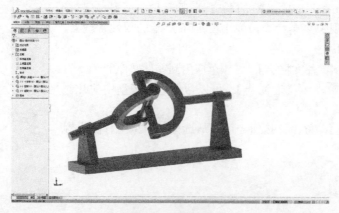

图 14-8 整合预览

14.5.2　PhotoView 预览界面

PhotoView 预览界面是独立于 SolidWorks 主界面外的单独界面。要显示该界面，启动 PhotoView 插件，选择【PhotoView 360】|【预览窗口】菜单命令，显示的界面如图 14-9 所示。

图 14-9　预览界面

14.5.3　PhotoView 选项

PhotoView 选项管理器可以控制图片的渲染质量，包括输出图像品质和渲染品质。在插入 PhotoView 360 插件后，单击【CommandManager】工具栏中的 ⚙【选项】按钮，打开图 14-10 所示的属性管理器。常用选项的介绍如下。

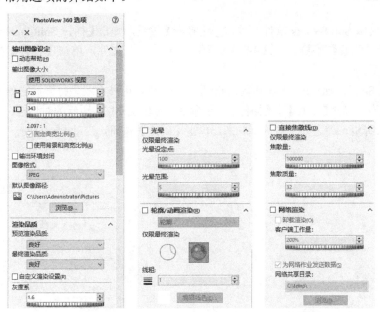

图 14-10　【PhotoView 360 选项】属性管理器

- 　【动态帮助】：显示每个特性的弹出工具提示。
- 　【输出图像大小】：将输出图像的大小设定到标准宽度和高度。
- 　⬓【图像宽度】：以像素设定输出图像的宽度。
- 　⬔【图像高度】：以像素设定输出图像的高度。
- 　【固定高宽比例】：保留输出图像中宽度与高度的当前比例。
- 　【使用背景和高宽比例】：将最终渲染的高宽比设定为背景图像的高宽比。

- 【图像格式】：为渲染的图像更改文件类型。
- 【默认图像路径】：为使用 Task Scheduler 所排定的渲染设定默认路径。

14.6 渲染实例

本范例通过一个装配体模型介绍图片渲染的全过程，从而生成比较逼真的渲染图片。本节主要介绍了启动文件，设置模型的外观、贴图、外部环境、光源和照相机，以及输出图像的具体内容，详细介绍了参数变化对光源和照相机的影响，模型如图 14-11 所示。

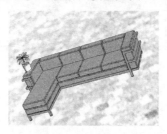

图 14-11　装配体模型

14.6.1　打开文件

（1）启动中文版 SolidWorks 软件，单击 【打开】按钮，弹出【打开 SolidWorks 文件】对话框，在文件夹中选择【配套数字资源 \ 第 14 章 \ 范例文件 \14.6】文件，单击【打开】按钮，打开的模型如图 14-12 所示。

（2）由于在 SolidWorks 中，PhotoView 360 是一个插件，因此在模型打开后需插入 PhotoView 360 插件才能进行渲染。选择【工具】|【插件】菜单命令，弹出图 14-13 所示的对话框，勾选【PhotoView 360】前、后的选择框，使之处于被选择状态，单击【确定】按钮，启动 PhotoView 360 插件。

图 14-12　打开模型

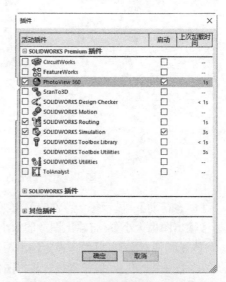

图 14-13　启动 PhotoView 360 插件

14.6.2　设置模型外观

（1）选择 PhotoView 360 菜单栏中的【编辑外观】菜单命令，弹出外观编辑栏及材料库，在【外观、布景和贴图】项目栏中列举了各种类型的材料，以及它们所附带的外观属性。

（2）单击工具栏中的 【编辑外观】按钮，在【外观、布景和贴图】项目栏中，选择【织物】|【棉布】|【米色棉布】选项，长按鼠标左键将其拖曳到图形区域中的沙发的模型上，如图 14-14 所示，单击 【确定】按钮，完成对沙发外观的设置。

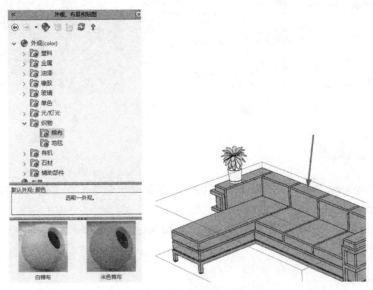

图 14-14　设置沙发外观

（3）单击工具栏中的 【编辑外观】按钮，打开【蓝抛光 ABS 塑料】属性管理器，在【所选几何体】选项组中选择【应用到零件文档层】单选项，在下拉菜单中单击 【选择表面】按钮，在视图界面中选择花盆上的叶片表面；在【外观、布景和贴图】项目栏中，选择【塑料】|【高光泽】|【蓝色高光泽塑料】选项，如图 14-15 所示，在【颜色】对话框中，单击 【确定】按钮，完成对外观的设置。

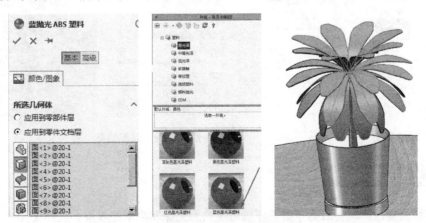

图 14-15　设置叶片外观

（4）在【所选几何体】选项组中选择【应用到零件文档层】单选项，在下拉菜单中单击 【选择实体】按钮，在视图界面中单击花盆零件，在【外观、布景和贴图】项目栏中，设置颜色数值，如图 14-16 所示，单击 ✔ 【确定】按钮，完成对花盆外观的设置。

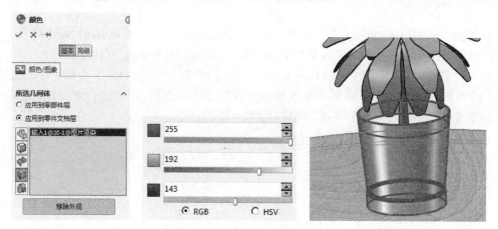

图 14-16　设置花盆外观

14.6.3　设置模型贴图

（1）选择 PhotoView 360 工具栏中的 🖉 【编辑贴图】菜单命令，在【外观、布景和贴图】项目栏中提供一些预置的贴图，如图 14-17 所示。

（2）在【贴图】选项中选择【警告】选项，长按鼠标左键拖曳将此贴图放置在花盆表面，按图 14-18 所示的参数进行设置。

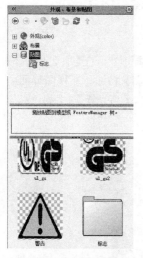

图 14-17　编辑贴图

图 14-18　贴图预览

14.6.4　设置外部环境

应用环境会更改模型背后的布景，环境可影响到光源和阴影的效果。选择【PhotoView 360】|【编辑布景】菜单命令，弹出布景编辑栏及布景材料库。在【外观、布景和贴图】项目栏中，选择【布景】|【演示布景】|【院落背景】作为环境选项，双击鼠标或者长按鼠标左键将其拖曳到视图中，效果如图 14-19 所示，单击 ✔ 【确定】按钮完成布景设置。

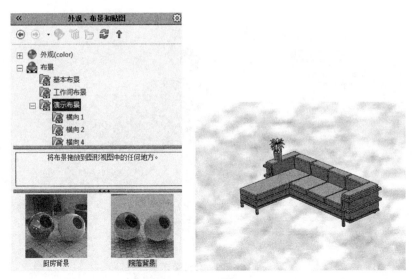

图 14-19　编辑布景

14.6.5　设置光源与照相机

（1）在工具栏中单击【视图】按钮，在下拉菜单中单击【光源与相机】中的 【添加线光源】按钮，为视图添加线光源。在【线光源】属性管理器中，按图 14-20 所示的参数进行设置。

（2）在工具栏中单击【视图】按钮，在下拉菜单中单击【光源与相机】中的 ✿【添加点光源】按钮，为视图添加点光源。在【点光源】属性管理器中，按图 14-21 所示的参数进行设置。

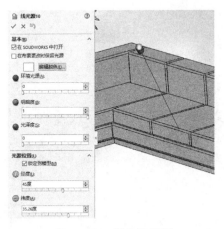

图 14-20　添加线光源

图 14-21　添加点光源

注意　能添加到 SolidWorks 模型中的最大光源数为 8。

（3）在工具栏中单击【视图】按钮，在下拉菜单中单击【光源与相机】中的 ☀【添加聚光源】按钮，为视图添加聚光源。在【聚光源】属性管理器中，按图 14-22 所示的参数进行设置。

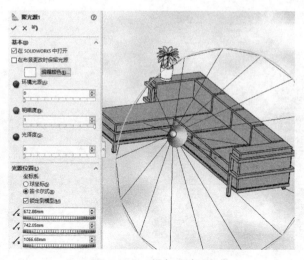

图 14-22　添加聚光源

（4）在工具栏中单击【视图】按钮，在下拉菜单中单击【光源与相机】中的 💿【添加相机】按钮，为视图添加相机。在【相机】属性管理器中，按图 14-23 所示的参数进行设置。

（5）单击 ⚙【CommandManager】下的 🖼【查看布景、光源与相机】按钮，用鼠标右键单击设置的【相机 1】，在快捷菜单中选择【相机视图】选项，如图 14-24 所示。

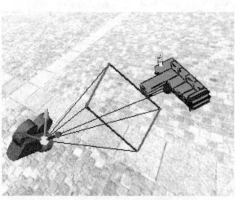

图 14-23　添加相机　　　　　　　　　　　　图 14-24　选择【相机】

14.6.6　输出图像

（1）如果要输出结果图像，首先需要对输出进行必要的设置。在工具栏中单击【选项】按钮，弹出属性管理器，按图 14-25 所示的参数进行设置，单击 ✔【确定】按钮完成设置。

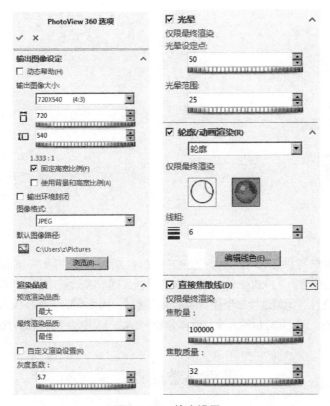

图 14-25　输出设置

（2）在 PhotoView 360 工具栏中单击 ⊙ 【最终渲染】按钮，在完成所有设置后对图像进行预览，得到最终效果。在【最终渲染】界面中选择【保存图像】菜单命令，在对话框中设置【文件名】为【装配体渲染】，选择【保存类型】为【JPEG】，其他的设置保持默认，单击【保存】按钮，则渲染效果将保存成图像文件。

至此，模型渲染的过程全部结束，得到图像结果后，可以通过图像浏览器直接查看。

Chapter 15

第 15 章
仿真分析

SolidWorks 为用户提供了多种仿真分析工具，包括公差分析（TolAnalyst）、有限元分析（SimulationXpress）、流体分析（FloXpress）、数控加工分析（DFMXpress）和运动模拟，使用户可以在计算机中测试设计的合理性，无须进行昂贵而费时的现场测试，因此有助于减少成本，缩短时间。本章主要介绍公差分析的方法、有限元分析的方法、流体分析的方法、数控加工分析的方法和运动模拟的方法。

重点与难点

- 公差分析
- 有限元分析
- 流体分析
- 数控加工分析
- 运动模拟

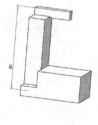

15.1 公差分析

公差分析（TolAnalyst）用于研究公差和装配体方法对一个装配体的两个特征间的尺寸所产生的影响。每次研究的结果为一个最小公差与最大公差、一个最小和方根（RSS）与最大和方根公差，以及基值特征和公差的列表。

15.1.1 分析步骤

使用公差分析完成分析需要以下 5 步。

（1）准备模型。

（2）测量。

（3）装配体顺序。

（4）装配体约束。

（5）分析结果。

15.1.2 公差分析实例

1. 准备模型

（1）启动中文版 SolidWorks 软件，单击【标准】工具栏中的 📂【打开】按钮，弹出【打开】对话框，选择【配套数字资源 \ 第 15 章 \ 实例文件 \15.1\tol.SLDASM】，单击【打开】按钮，在图形区域中显示出模型，如图 15-1 所示。

（2）选择【工具】|【插件】菜单命令，弹出图 15-2 所示的对话框，勾选【TolAnalyst】复选框。

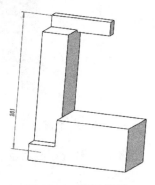

图 15-1 打开模型

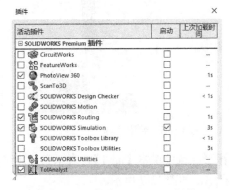

图 15-2 启动 TolAnalyst 插件

（3）单击 ⊕【标注专家管理器】按钮，如图 15-3 所示，属性管理器将切换到公差分析模块中。

2. 测量

单击 ⊕【标注专家管理器】中的 🔲【TolAnalyst】按钮，弹出图 15-4 所示的属性管理器，在【从此处测量】选项组中选择图形区域中模型的底面，在【测量到】选项组中选择模型的顶面，长按鼠标左键将光标拖曳到合适的点，释放鼠标左键，屏幕上将出现相应的测量数值，同时【信息】属性栏中将显示【测量已定义。从可用选项中作选择或单击下一步】的文字提示，代表已经获得测量的数值。

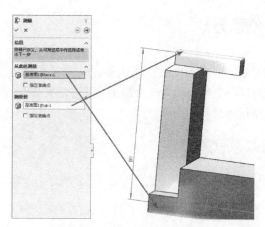

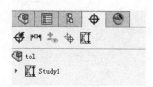

图 15-3　选择公差分析　　　　　　　　　图 15-4　测量两个表面

3. 装配体顺序

（1）单击【测量】属性管理器中的 ⊕ 【下一步】按钮，打开【装配体顺序】属性管理器。在图形区域中单击【base-1】，表示第一步装配底座，底座的名称也相应地显示在【零部件和顺序】选框中，如图 15-5 所示。

（2）在图形区域中单击【li-1】，表示第二步装配立柱，立柱的名称也相应地显示在【零部件和顺序】选框中，如图 15-6 所示。

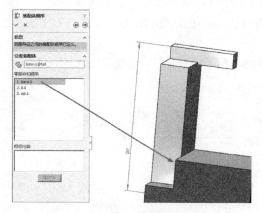

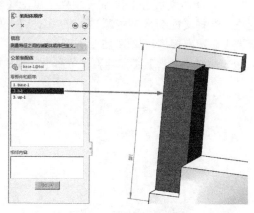

图 15-5　装配底座　　　　　　　　　　　图 15-6　装配立柱

（3）在图形区域中单击【up-1】，表示第三步装配顶板，顶板的名称也相应地显示在【零部件和顺序】选框中，如图 15-7 所示。

4. 装配体约束

（1）单击【装配体顺序】属性管理器中的 ⊕ 【下一步】按钮，打开【装配体约束】属性管理器。在图形区域中单击选择立柱的重合配合为 ①，表示立柱的重合配合为第一约束，如图 15-8 所示。

（2）在图形区域中单击选择顶板的重合配合为 ①，表示顶板的重合配合为第一约束，如图 15-9 所示。

5. 分析结果

（1）单击【装配体约束】属性管理器中的 ⊕ 【下一步】按钮，打开【Result】属性管理器。从【分析摘要】选框中可以看到，名义误差为【201】、最大误差能达到【202.5】、最小误差为【199.5】，如图 15-10 所示。

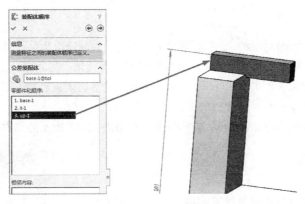

图 15-7 装配顶板

（2）在【分析数据和显示】选项组中将显示出误差的主要来源，如图 15-11 所示。

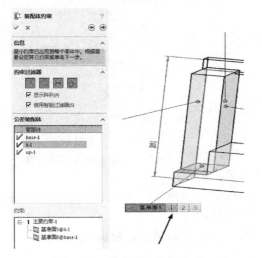

图 15-8 选定重合约束（1）

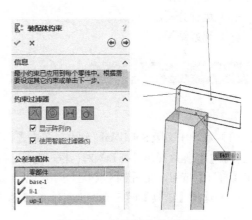

图 15-9 选定重合约束（2）

图 15-10 分析结果

图 15-11 误差的主要来源

15.2 有限元分析

有限元分析（SimulationXpress）根据有限元法，使用线性静态分析从而计算应力。有限元分析的属性管理器向导将定义材质、约束、载荷、分析模型及查看结果。每完成一个步骤，SimulationXpress都会立即将其保存。如果关闭并重新启动有限元分析，但不关闭该模型文件，则可以获取该信息。此外，必须保存模型文件才能保存分析数据。

选择【工具】|【SimulationXpress】菜单命令，弹出图 15-12 所示的属性管理器。

15.2.1 分析步骤

使用有限元分析完成分析需要以下 6 步。
（1）设置单位。
（2）应用约束。
（3）应用载荷。
（4）定义材质。
（5）运行分析。
（6）观察结果。

15.2.2 有限元分析实例

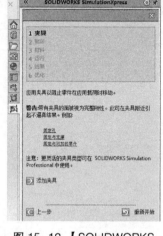

图 15-12 【SOLIDWORKS SimulationXpress】属性管理器（1）

1. 设置单位

（1）启动中文版 SolidWorks 软件，单击【标准】工具栏中的
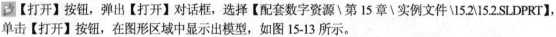【打开】按钮，弹出【打开】对话框，选择【配套数字资源\第 15 章\实例文件\15.2\15.2.SLDPRT】，单击【打开】按钮，在图形区域中显示出模型，如图 15-13 所示。

（2）选择【工具】|【SimulationXpress】菜单命令，弹出图 15-14 所示的属性管理器。

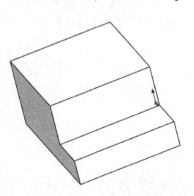

图 15-13 打开模型

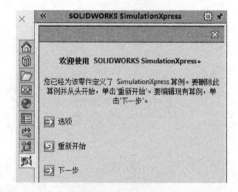

图 15-14 【SOLIDWORKS SimulationXpress】属性管理器（2）

（3）在【欢迎】属性管理器中，单击【选项】按钮，弹出【SimulationXpress 选项】对话框，设置【单位系统】为【公制】，并指定文件保存的【结果位置】，如图 15-15 所示，最后单击【确定】按钮。

2. 应用约束

（1）选择【夹具】选项，出现应用约束界面，如图 15-16 所示。

（2）单击【添加夹具】按钮，弹出【夹具】属性管理器，在图形区域中单击模型的一个侧面，约束固定符号就会显示在该面上，如图 15-17 所示。

（3）单击 ✔【确定】按钮，在属性管理器中通过单击【添加夹具】按钮可以定义多个约束条件，如图 15-18 所示，单击【下一步】按钮，进入下一步。

图 15-15　设置单位系统

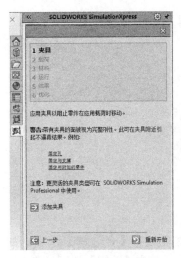

图 15-16　约束界面

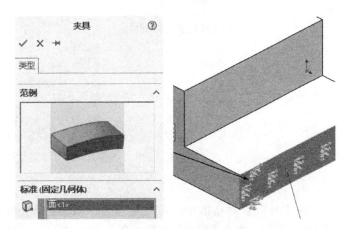

图 15-17　固定约束

3. 应用载荷

（1）选择【载荷】选项，出现应用载荷界面，如图 15-19 所示。

图 15-18　定义约束组

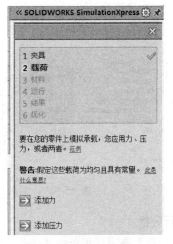

图 15-19　应用载荷界面

（2）单击【添加压力】按钮，弹出【压力】属性管理器。

（3）在图形区域中单击模型的圆柱面，然后单击 ⊔【选定的方向】文本框，并选择模型的上表面，输入压力数值【32000000】，如图 15-20 所示，单击 ✓（确定）按钮，完成载荷的设置，最后单击【下一步】按钮。

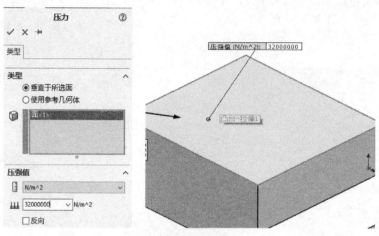

图 15-20　设置载荷

4. 定义材质

在【材料】对话框中，可以选择 SolidWorks 预置的材质。这里选择【合金钢】选项，如图 15-21 所示，单击【应用】按钮，合金钢材质就会被应用到模型上，单击【关闭】按钮，完成材质的定义，效果如图 15-22 所示，最后单击【下一步】按钮。

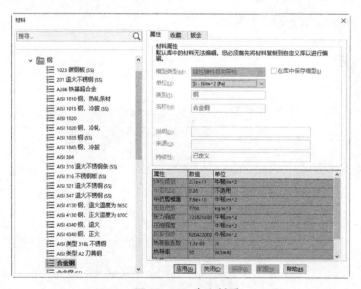

图 15-21　定义材质

图 15-22　材质定义完成

5. 运行分析

选择【运行】选项，再单击【运行模拟】按钮，如图 15-23 所示，屏幕上将显示出运行状态及分析信息，如图 15-24 所示。

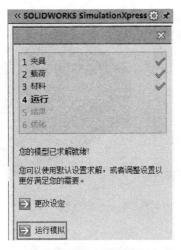

图 15-23　运行界面

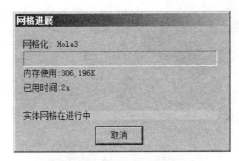

图 15-24　运行状态

6. 观察结果

（1）运行分析完成后，变形的动画将自动显示出来，单击【停止动画】按钮，如图 15-25 所示。

（2）在【结果】选项中，单击【是，继续】单选按钮，进入下一个界面，单击【显示 von Mises 应力】按钮，图形区域中将显示模型的应力结果，效果如图 15-26 所示。

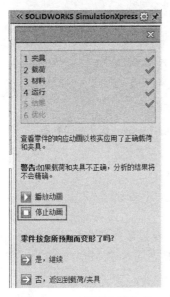

图 15-25　运行分析完成

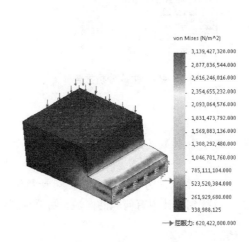

图 15-26　应力结果

（3）单击【显示位移】按钮，图形区域中将显示模型的位移结果，如图 15-27 所示。

（4）单击【在以下显示安全系数（FOS）的位置】按钮，并在选择框中输入【2】，图形区域中将显示模型在安全系数是 2 时的危险区域，如图 15-28 所示。

（5）在【结果】选项中，单击【生成报表】按钮，如图 15-29 所示，分析报告将自动生成。

（6）关闭报表文件，进入下一个界面，在【您想优化您的模型吗？】下，选择【否】单选项，如图 15-30 所示。

（7）完成应力分析。

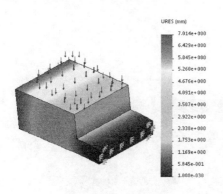

图 15-27　位移结果　　　　　　　　　　图 15-28　显示危险区域

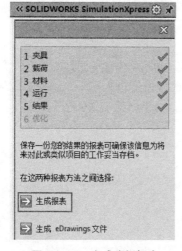

图 15-29　生成分析报告　　　　　　　　图 15-30　优化询问界面

15.3　流体分析

　　流体分析是一个流体力学应用程序，可计算流体是如何穿过零件或装配体模型的。根据算出的速度场，可以找到设计中有问题的区域，并在制造任何零件之前对零件进行改进。

15.3.1　分析步骤

　　使用流体分析完成分析需要以下 6 步。

（1）检查几何体。

（2）选择流体。

（3）设定流量入口条件。

（4）设定流量出口条件。

（5）求解模型。

（6）查看结果。

15.3.2 流体分析实例

1. 检查几何体

（1）启动中文版 SolidWorks 软件，单击【标准】工具栏中的 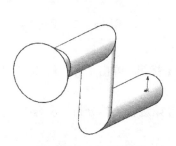【打开】按钮，弹出【打开】对话框，选择【配套数字资源 \ 第 15 章 \ 实例文件 \15.3\15.3.SLDPRT】，单击【打开】按钮，在图形区域中显示出模型，如图 15-31 所示。

（2）选择【工具】|【FloXpress】菜单命令，弹出图 15-32 所示的属性管理器。

图 15-31　打开模型　　　　　图 15-32　【检查几何体】属性管理器

（3）在【流体体积】选项组中，单击【查看流体体积】按钮，图形区域将高亮度显示出流体的分布，并显示出最小流道的尺寸，如图 15-33 所示。

2. 选择流体

在【检查几何体】属性管理器中，单击 ⊕【下一步】按钮，提示选择具体的流体，在本例中选择【水】选项，如图 15-34 所示。

图 15-33　显示流体体积　　　　　图 15-34　选择流体类型

3. 设定流量入口条件

（1）单击【流体】属性管理器中的 ⊕【下一步】按钮，弹出【流量入口】属性管理器。

（2）在【入口】选项组中，单击【压力】按钮，在 🔟【要应用入口边界条件的面】选择框中选择图形区域中和流体相接触的端盖的内侧面，在 P【环境压力】中设置数值为【301325Pa】，如图 15-35 所示。

4. 设定流量出口条件

（1）单击【流量入口】属性管理器中的 ⊕【下一步】按钮，弹出【流量出口】属性管理器。

（2）在【出口】选项组中，单击【压力】按钮，在 🔟【要应用出口边界条件的面】选择框中选择图形区域中和流体相接触的端盖的内侧面，在 P【环境压力】中保持默认的设置，如图 15-36 所示。

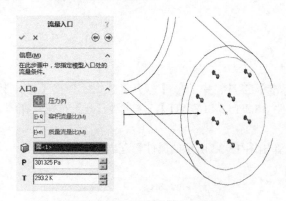

图 15-35　设定流量入口条件

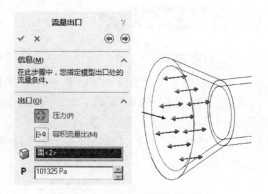

图 15-36　设定流量出口条件

5. 求解模型

（1）单击【流量出口】属性管理器的 ⊕【下一步】按钮，弹出【解出】属性管理器，如图 15-37 所示。

（2）在【解出】属性管理器中，单击 ▷ 按钮，开始进行流体分析，屏幕上将显示出运行状态及分析信息，如图 15-38 所示。

图 15-37　【解出】属性管理器

图 15-38　求解进度

6. 查看结果

（1）运行分析完成后，弹出【观阅结果】属性管理器，如图 15-39 所示。

（2）在图形区域中将显示出流体的速度分布，为了显示得更清晰，可以将管路零件隐藏，如图 15-40 所示。

图 15-39　【观阅结果】属性管理器

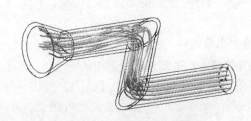

图 15-40　显示流体速度分布

（3）在【图解设定】选项组中，单击【滚珠】按钮，图形区域中的流体将以滚珠形式显示出来，如图 15-41 所示。

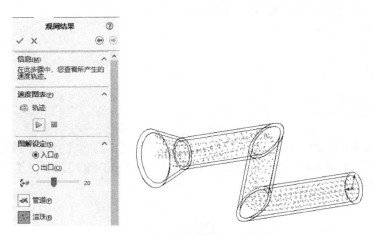

图 15-41　以滚珠形式显示轨迹

（4）在【报表】选项组中，单击【生成报表】按钮，有关流体分析的结果将以 Word 形式显示出来，如图 15-42 所示。

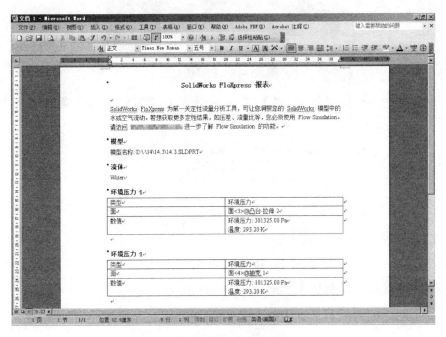

图 15-42　生成报表

15.4　数控加工分析

数控加工分析是一种用于核准 SolidWorks 零件可制造性的分析工具，使用数控加工分析可以识别可能导致加工问题或增加生产成本的设计区域。

15.4.1　分析步骤

使用数控加工分析完成分析需要以下 3 步。

（1）规则说明。

（2）配置规则。

（3）核准零件。

15.4.2　数控加工实例

（1）启动中文版 SolidWorks 软件，单击【标准】工具栏中的 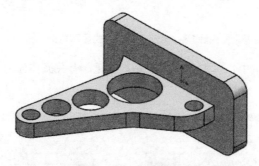 【打开】按钮，弹出【打开】对话框，选择【配套数字资源 \ 第 15 章 \ 实例文件 \15.4\15.4.SLDPRT】，单击【打开】按钮，在图形区域中显示出模型，如图 15-43 所示。

图 15-43　打开模型

（2）启动数控加工分析，选择【工具】|【Xpress 产品】|【DFMXpress】菜单命令，如图 15-44 所示。

图 15-44　启动数控加工分析

（3）弹出【DFMXpress】属性管理器，如图 15-45 所示。

图 15-45　【DFMXpress】属性管理器

（4）根据零件的形状设定检查规则，单击【设定…】按钮，弹出图 15-46 所示的属性管理器，在属性管理器中设置相应的数据。

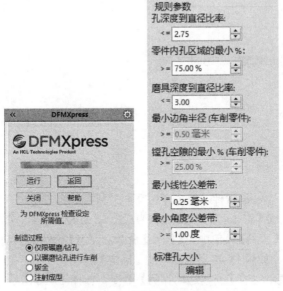

图 15-46 设置属性管理器

（5）单击【返回】按钮，完成属性的设置。单击【运行】按钮，进行可制造性分析，结果将自动显示出来，如图 15-47 所示，其中【失败的规则】将显示成红色，【通过的规则】将显示成绿色。

（6）选择【失败的规则】下的【实例 [3]】选项，屏幕上将自动出现 "外边线上的圆角 - 实例 [3]" 的失败原因提示，如图 15-48 所示，此时图形区域中将用高亮度来显示该实例对应的特征。

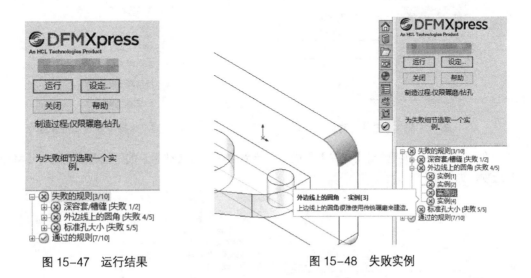

图 15-47 运行结果   图 15-48 失败实例

15.5 运动模拟

15.5.1 分析步骤

使用运动模拟完成分析需要以下 3 步。

（1）装配模型。

（2）设置原动件。

（3）分析运动。

15.5.2 运动模拟实例

（1）启动中文版 SolidWorks 软件，单击【标准】工具栏中的 ⚙【打开】按钮，弹出【打开】对话框，选择【配套数字资源 \ 第 15 章 \ 实例文件 \15.5\15.5.SLDASM】，单击【打开】按钮，在图形区域中显示出模型。选择【工具】菜单中的【插件】命令，弹出【插件】对话框，勾选【SOLIDWORKS Motion】复选框，并启动，如图 15-49 所示，单击【确定】按钮。

（2）选择【插入】菜单中的【新建运动算例】命令，如图 15-50 所示。

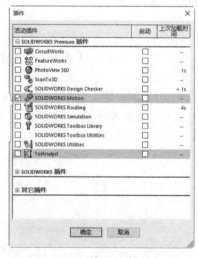

图 15-49 【插件】对话框

图 15-50 选择【新建运动算例】

（3）在对话框的下方将弹出【计算】界面，将该界面左上方【动画】的下拉菜单改变为【Motion分析】选项，如图 15-51 所示。

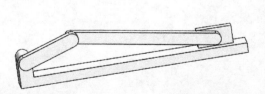

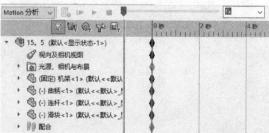

图 15-51 【计算】界面

（4）单击 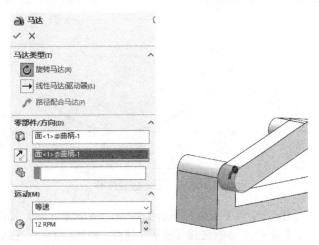【马达】按钮，弹出【马达】属性管理器。在属性管理器的【零部件 / 方向】选项组中，单击【马达位置】选择框，在图形区域中选择圆柱面，如图 15-52 所示。在【运动】选项组的【速度】文本框中输入【12 RPM】，单击 ✓【确定】按钮，添加一个原动件。

图 15-52　设置属性管理器

（5）单击【计算】按钮进行计算，计算后【计算】界面会发生变化，如图 15-53 所示。

图 15-53　【计算】界面的变化

（6）单击【计算】界面中的【结果与图解】按钮，弹出【结果】属性管理器。在【结果】选项组中，在【选取类别】下拉菜单中选择【位移 / 速度 / 加速度】，在【选取子类别】下拉菜单中选择【线性位移】，在【选取结果分量】下拉菜单中选择【X 分量】，单击【需要测量的实体】选择框后，选取两个对应的点，如图 15-54 所示。

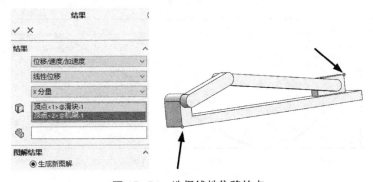

图 15-54　选择线性位移的点

（7）单击 ✓【确定】按钮后显示线性位移，如图 15-55 所示。

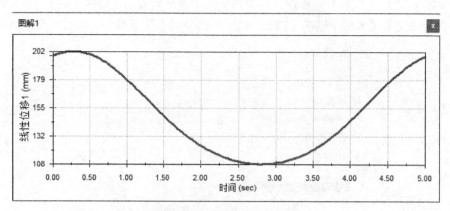

图 15-55　显示线性位移

（8）单击【计算】界面中的 🔳【结果与图解】按钮，弹出【结果】属性管理器，在【结果】选项组中，在【选取类别】下拉菜单中选择【位移 / 速度 / 加速度】，在【选取子类别】下拉菜单中选择【线性速度】，在【选取结果分量】下拉菜单中选择【X 分量】，单击线性速度分析中的点，如图 15-56 所示。

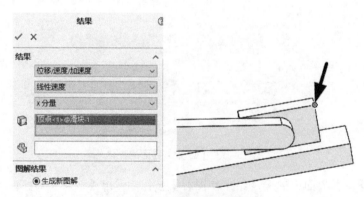

图 15-56　选择线性速度的点

（9）单击 ✓【确定】按钮后显示线性速度，如图 15-57 所示。

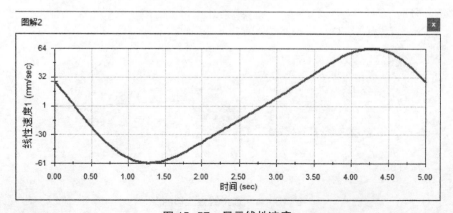

图 15-57　显示线性速度

（10）单击【计算】界面中的【结果与图解】按钮，弹出【结果】属性管理器，在【结果】选项组中，在【选取类别】下拉菜单中选择【位移 / 速度 / 加速度】，在【选取子类别】下拉菜单中选择【线性加速度】，在【选取结果分量】下拉菜单中选择【X 分量】，单击线性加速度分析中的点，如图 15-58 所示。

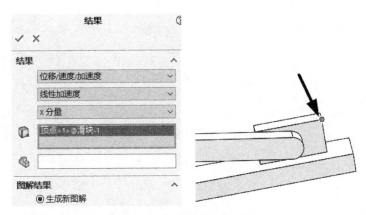

图 15-58　选择线性加速度的点

（11）单击 ✓【确定】按钮后显示线性加速度，如图 15-59 所示。

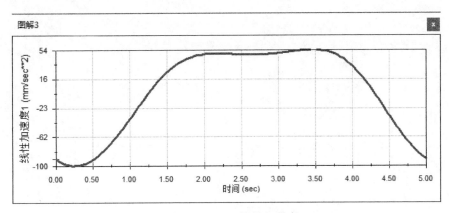

图 15-59　显示线性加速度